Wissenschaftliches Publizieren und Präsentieren

Claus Ascheron

Wissenschaftliches Publizieren und Präsentieren

Ein Praxisleitfaden mit Hinweisen zur Promotion und Karriereplanung

Claus Ascheron
Heidelberg, Baden-Württemberg, Deutschland

ISBN 978-3-662-58052-3   ISBN 978-3-662-58053-0   (eBook)
https://doi.org/10.1007/978-3-662-58053-0

Die Deutsche Nationalbibliothek verzeichnet diese Publikation in der Deutschen Nationalbibliografie; detaillierte bibliografische Daten sind im Internet über http://dnb.d-nb.de abrufbar.

Planung/Lektorat: Andreas Rüdinger

Springer ist ein Imprint der eingetragenen Gesellschaft Springer-Verlag GmbH, DE und ist ein Teil von Springer Nature
Die Anschrift der Gesellschaft ist: Heidelberger Platz 3, 14197 Berlin, Germany

Vorwort

Dieses Buch vermittelt die Fähigkeit, überzeugende wissenschaftliche Vorträge zu halten und gute wissenschaftliche Publikationen zu verfassen. Diese Kompetenzen sind wichtig dafür, die eigenen Ergebnisse mit Erfolg darzustellen.

An Hochschulen und Universitäten werden die Studenten in der Regel auf die Anforderungen zum Verstehen der Wissenschaft, das Durchführen von Experimenten und die Interpretation der Ergebnisse gut vorbereitet. Überraschenderweise ist aber das wissenschaftliche Kommunizieren der erzielten Ergebnisse in Vorträgen und Zeitschriftenartikeln kaum Gegenstand von Kursen an Ausbildungseinrichtungen. Die meisten jungen Wissenschaftler werden nach dem Studium einfach ins kalte Wasser geworfen und unvorbereitet den späteren Anforderungen ausgesetzt. Sie müssen durch Probieren während der neuen Tätigkeit lernen (Learning by Doing). Ein gewisser Grad von Perfektion wird erst über viele Irrtümer und Fehlversuche erreicht. Doch wie wir alle aus Erfahrung wissen, kommt der dafür notwendige Lernprozess bei vielen bereits in einem sehr frühen und rudimentären Stadium zum Stillstand. Dies erkennt man an einer häufig unentwickelten Fähigkeit zum Präsentieren und der mangelhaften Qualität vieler Publikationen.

Nachdem die schützende Studienumgebung verlassen wurde, haben junge Wissenschaftler oft hart zu kämpfen, bis sie diese Anfangsschwierigkeiten gemeistert haben und in der wissenschaftlichen Gemeinschaft akzeptierte Partner werden, nicht allein durch das Erreichen exzellenter wissenschaftlicher Ergebnisse, sondern auch durch deren angemessene und eindrucksvolle Darstellung.

An vielen Forschungseinrichtungen wurde in den letzten 20 Jahren erkannt, dass es für die Ausbildung von Studenten und Doktoranden auch wichtig ist, die wissenschaftliche Kommunikationsfähigkeit zu entwickeln. Dafür werden Soft Skill-Kurse angeboten. Der Autor dieses Buches gab solche Kurse an zahlreichen internationalen Universitäten und Forschungseinrichtungen.

Das Ziel dieses Buches ist es, jungen Wissenschaftlern in dieser Frühphase ihrer wissenschaftlichen Karriere zu helfen und durch relevante Ratschläge und Informationen in konzentrierter Form diesen Lernprozess zu beschleunigen und zu erleichtern.

Das Buch gibt Hintergrundwissen zum Prozess des wissenschaftlichen Publizierens und zeigt außerdem den Weg auf, wie man strukturiert eine Dissertation verfasst. Für die Planung der wissenschaftlichen Karriere danach werden Ratschläge gegeben.

Dieses Buch ist kein wissenschaftliches Lehrbuch. Es stellt die oft vergessenen Fragen danach, wie man seine wissenschaftlichen Ergebnisse effektiv und überzeugend in Vorträgen und Publikationen darstellt.

Wenn diese Ratschläge ernst genommen werden, helfen sie, einen guten und effizienten Arbeitsstil zu entwickeln, der ein Leben lang nützlich sein kann und Befriedigung in der Arbeit bringen wird.

Junge Wissenschaftler und fortgeschrittene Studenten werden wahrscheinlich den größten Nutzen aus diesem Buch ziehen, doch auch jeder andere Wissenschaftler kann hilfreiche Anregungen zur Verbesserung seiner mündlichen und schriftlichen Kommunikationsfähigkeit sowie zur besseren Darstellung seiner Ergebnisse und Ideen empfangen. Selbst erfahrene Wissenschaftler und Professoren mit langer wissenschaftlicher und Lehrerfahrung können profitieren, wenn sie im Licht der gegebenen Empfehlungen die Qualität ihrer mündlichen und schriftlichen Darbietungen kritisch überdenken.

Der Stil dieses Buches ist zwanglos und leicht zu lesen, verwirrende technische Details werden vermieden. Ein ausführliches Literaturverzeichnis enthält eine Anzahl weiterführender Bücher zum wissenschaftlichen Schreiben und Präsentieren, in denen der Leser alle notwendigen Fakten, Konventionen und Richtlinien haarklein dargelegt findet. Im Unterschied zu manch anderer, detailüberfrachteter Literatur ist es das Ziel dieses Buches, alles Wesentliche prägnant, angenehm lesbar und verständlich darzustellen, ohne Abstriche am Wesentlichen zu machen. Ich hoffe, dass dieses Ziel erreicht wird.

Der Autor gibt die Hinweise auf der Grundlage reicher Erfahrungen im wissenschaftlichen Arbeiten und Kommunizieren, nämlich durch

- zahlreiche Publikationen in referierten internationalen wissenschaftlichen Zeitschriften,
- viele Vorträge bei internationalen wissenschaftlichen Konferenzen,
- Lehr- und Vorlesungserfahrung,
- Hilfestellung für Kollegen und Studenten zur Vorbereitung guter Publikationen und Präsentationen,
- Beurteilung einer Vielzahl von Manuskripten
- kritische Besuche unzähliger Konferenzvorträge.

Der Autor wurde von vielen Universitäten und Forschungsinstituten eingeladen, Vorträge und Kurse zu den Themen dieses Buches zu halten. Oftmals wurde an deren Ende der Kommentar gegeben: „Es wäre großartig, diese Informationen auch einmal in Buchform zu haben". Hier sind sie. Ich hoffe, dass Sie Spaß am Lesen haben werden und dass Sie diese Informationen zu Ihrem Nutzen gebrauchen können.

Das vorliegende Buch ist die überarbeitete und aktualisierte Version des Buches *Die Kunst des wissenschaftlichen Präsentierens und Publizierens,* erschienen 2007 [1].

Anerkennung

Ich möchte Dr. Angela Lahee für die Zusammenarbeit bei unserem dieser Übersetzung zugrunde liegenden englischen Buch *Make Your Mark in Science* [2] und Katharina Ascheron als „Modell-Präsentiererin" danken. Außerdem danke ich meiner Frau Regina Ascheron für ihre Geduld während der Monate, in denen ich mit dem Verfassen dieses Manuskripts beschäftigt war.

Heidelberg   Claus Ascheron
August 2018

Inhaltsverzeichnis

1

Einführung

Inhaltsverzeichnis

Ein bekannter Wissenschaftler zu werden und große wissenschaftliche Durchbrüche zu erreichen, ist der geheime Traum fast eines jeden jungen enthusiastischen Studenten. Einige, aber nur eine Minderheit, werden diesen Traum erfüllt sehen. Doch nicht jeder junge Wissenschaftler wird vorrangig durch den Wunsch motiviert, Ruhm und Ehre zu erzielen – es gibt noch eine Reihe ebenso bedeutender Beweggründe: einer ist die wissenschaftliche Neugier und der Wunsch, die Natur zu verstehen; ein anderer das Ziel, einen Beitrag zum großen Gebäude des Wissens zu liefern. Was auch immer Ihre primäre Motivation sein mag, eine grundlegende Voraussetzung ist immer: Um ein erfolgreicher Wissenschaftler zu werden, muss man die notwendigen Qualitäten und Fähigkeiten besitzen.

© Springer-Verlag GmbH Deutschland, ein Teil von Springer Nature 2019
C. Ascheron, *Wissenschaftliches Publizieren und Präsentieren*,
https://doi.org/10.1007/978-3-662-58053-0_1

1.1 Wie werde ich ein erfolgreicher Wissenschaftler?

Die notwendigen persönlichen Qualitäten, um ein guter Wissenschaftler zu sein, beinhalten

- die wissenschaftliche Neugier und den Wunsch, die Welt um uns herum zu erforschen und zu verstehen,
- die Fähigkeit logisch zu denken und zu bewerten,
- eine gewisse mathematische Neigung (speziell in den Naturwissenschaften),
- das adäquate Erinnerungsvermögen an Fakten.

Wenn Sie diese Kompetenzen besitzen und eine entsprechende Ausbildung erfolgreich absolviert haben, dann besitzen Sie das Potenzial, herausragende wissenschaftliche Leistungen zu vollbringen. Doch dieses ist nur latent vorhanden, wenn es nicht mit einer Gruppe anderer Fertigkeiten kombiniert wird. Diese Fähigkeiten, die im Unterschied zu den oben erwähnten erlernt werden können, sind

- Präsentationsfähigkeit,
- Schreib- und Publizierkompetenz.

Dieses Buch widmet sich speziell diesen Fähigkeiten. Durch das Lesen dieses Buches werden Sie nicht lernen, zum besseren Wissenschaftler zu werden, doch durch die Optimierung Ihres latenten Potenzials werden Sie ein erfolgreicherer Wissenschaftler.

1.2 Präsentieren

Nachdem ein Wissenschaftler zu einigen interessanten neuen wissenschaftlichen Ergebnissen gekommen ist, wird die nächste Herausforderung sein, diese in geeigneter Weise der größeren Wissenschaftlergemeinschaft mitzuteilen. Wenn Sie Ihre Entdeckungen nur für sich selbst behalten, werden Sie weder zum Fortschritt Ihres Wissensgebiets beitragen, noch werden Sie selbst bekannt.

Der erste Schritt, Ihre Ergebnisse zu verbreiten, wird wahrscheinlich deren Vorstellung bei einem internen Seminar oder in einem Kurzvortrag bei einer Konferenz sein. Manche Menschen, wenn auch die Minderheit, haben eine natürliche Gabe, zu präsentieren. Sie können gut kommunizieren, sicher und überzeugend auftreten und das Publikum in ihren Bann ziehen. Andere haben das Glück, Betreuer zu haben, die ihnen helfen, bessere Vorträge zu halten, wobei sie auch manchmal deren Stil gekonnt kopieren können, sodass es von Anfang an klappt. Doch die meisten Wissenschaftler müssen den steinigen Weg gehen, der wiederholten Kritik ihrer Kollegen ausgesetzt zu sein und ihre ersten Vorträge mit dem Gefühl beenden zu müssen, dass die meisten Zuhörer völlig das Interesse am Vortrag verloren haben. Dieses Lernen über viele und oftmals fehlgeschlagene Versuche und Irrtümer funktioniert zu einem gewissen Grad, doch es kann ein langer und anstrengender Prozess sein, dessen Erfolg nicht garantiert ist.

Gute Präsentationen sind auch in der wissenschaftlichen Lehre, in Vorlesungen, enorm wichtig. Wir alle haben uns durch schlechte Vorlesungen gequält, die inhaltlich oder/und akustisch unverständlich, didaktisch schlecht und mit kaum lesbaren PowerPoint-Bildern *(slides),* Folien oder Tafelbildern unterstützt waren. So gingen wir aus der Vorlesung, ohne etwas gelernt zu haben, und mussten schließlich den Stoff hinterher in Lehrbüchern nachlesen. Diese Erfahrung zeigt, dass auch nicht alle älteren und erfahrenen Professoren die Präsentationstechniken gut beherrschen. Nachdem dieselben Fehler jahraus, jahrein wiederholt wurden, haben sie sich so verfestigt, dass der Betreffende sich dessen gar nicht mehr bewusst ist. Deshalb ist es eine nützliche Investition für einen jungen Wissenschaftler, zu versuchen, den eigenen Präsentationsstil bereits frühzeitig zu perfektionieren. Kap. 3 dieses Buches wird Ihnen helfen, die häufigsten Fehler zu vermeiden und überzeugende Präsentationen vorzubereiten und darzubieten.

1.3 Publizieren

In der Praxis ist der Hauptbeweggrund für das Publizieren die Dokumentation des eigenen Beitrags zur Wissenschaft und das Erhalten von Prioritätsrechten auf Entdeckungen. Wissenschaftler werden nur über ihre Publikationen bekannt und in der Wissenschaftlergemeinschaft akzeptiert. Im Englischen gibt es dazu den Ausdruck *„publish or perish"*, also „publiziere oder gehe unter". Zum Publizieren von Ergebnissen gehört auch ihre Vorstellung in Konferenzvorträgen. Wenn Ihre Publikationen und Präsentationen aus dem Durchschnitt herausragen, ziehen Sie die Aufmerksamkeit der entscheidenden Wissenschaftlerkollegen auf sich.

Deshalb ist das Verfassen guter wissenschaftlicher Publikationen und das Halten entsprechender Vorträge eine wesentliche Maßnahme für junge Wissenschaftler, die nach Anerkennung und Etablierung in der wissenschaftlichen Gemeinschaft streben. Nur einigen gelingt es, mit einem Knall in die Szene einzutreten, wie z. B. Brian David Josephson oder Rudolf Mößbauer, die den Nobelpreis in recht jungen Jahren erhielten. Für die meisten Wissenschaftler stellt die Anfangszeit der wissenschaftlichen Karriere, wenn nicht gar die ersten Jahrzehnte, einen geduldigen Prozess der graduellen Verbesserung ihres Status dar, oft mit unerfreulichen Begleitumständen.

Zuerst müssen sie die Anerkennung ihrer Entdeckungen mit den älteren und übergeordneten Kollegen teilen. Es kann lange dauern, bis sie den Status erlangen, als erster oder alleiniger Autor eines Artikels aufzutreten. Doch dies muss nicht zwangsläufig von Nachteil sein. Diese frühen Jahre sind die beste Gelegenheit für einen jungen Wissenschaftler, von erfahreneren Kollegen die Tricks zum Publizieren und Bekanntmachen der eigenen Ergebnisse zu erlernen. Doch dieser Prozess ist normalerweise nicht durchweg angenehm.

Wie im Vorwort bereits erwähnt, gehört die Vermittlung von Fähigkeiten im Kommunizieren wissenschaftlicher Leistungen bei den meisten Universitäten nicht zum Ausbildungsprogramm. Dessen ungeachtet sind das Schreiben guter Publikationen und das Halten guter Vorträge Fähigkeiten, die erlernt werden können. Mit der Unterstützung dieses Buches werden Sie rasch mit den Hauptkriterien für das Verfassen guter Publikationen vertraut werden und lernen, die typischen Fehler zu vermeiden. Ihre Kollegen werden sich wundern, wie gut sich Ihre Fähigkeit zum Verfassen wissenschaftlicher Artikel entwickelt hat, nachdem Sie das betreffende Kapitel rezipiert haben. Wenn Sie erste Fortschritte gemacht haben, sollten Sie sich die Zeit nehmen, Ihren Stil noch einmal mit dem Ihrer Kollegen zu vergleichen, unter dem Gesichtspunkt der hier gegebenen Ratschläge. Sie werden sehen, wie stark Sie sich verbessert haben, indem Sie einige einfache Regeln berücksichtigt haben.

Das Kapitel „Kultur und Ethik des wissenschaftlichen Publizierens" (Kap. 4) wurde in das Buch aufgenommen, um dem Leser einen Eindruck davon zu vermitteln, wie modernes Publizieren funktioniert. Diese Zusatzinformation ist für alle Leser nützlich, die mit Publikationen und Verlagen zu tun haben, aber sich nicht sicher sind, welche Möglichkeiten es für sie gibt.

1.4 Weitere Literatur zu den Themen dieses Buches

Es gibt noch eine Reihe weiterer Bücher zu den genannten Themen, die alle ihre Leser gefunden haben. Dabei möchte ich auf die folgenden Bücher verweisen, und zwar für

- wissenschaftliches Präsentieren auf [3–9],
- wissenschaftliches Publizieren auf [10–23],
- das Verfassen einer Dissertation auf [24–33].

Da sie aber inhaltlich nicht so ausführlich sind und weniger detaillierte Ratschläge als das vorliegende Buch geben, erschien es mir sinnvoll, diesen instruierenden Ratgeber für junge Wissenschaftler zu verfassen. Der Intention des vorliegenden Buches kommt das englischsprachige Buch von Alley [9] am nächsten.

2

Wissenschaftliches Präsentieren

Bei einer Beerdigung würde der Durchschnittsverbraucher lieber im Sarg liegen, als die Grabrede halten zu müssen.
Jerry Seinfeld, Über die Furcht vor dem Reden in der Öffentlichkeit

Inhaltsverzeichnis

Die Originalversion des Kapitels wurde revidiert. Ein Erratum ist verfügbar unter
https://doi.org/10.1007/978-3-662-58053-0_7

Die meisten Studenten und Wissenschaftler, ganz gleich, ob sie erfahren sind oder erst am Anfang ihrer beruflichen Laufbahn stehen, müssen regelmäßig wissenschaftliche Vorträge halten. Normalerweise werden mehr Vorträge oder Vorlesungen gehalten als Publikationen verfasst.

Wie wir alle wissen, sind exzellente Wissenschaftler oftmals schlechte Vortragende. Hermann von Helmholtz z. B., ein brillanter Wissenschaftler, war bekannt für seine schlechten Vorlesungen, die nur in den ersten Reihen des Hörsaals verstanden wurden. Ein guter Wissenschaftler zu sein ist keine Garantie dafür, ein natürliches Talent zum guten Präsentieren zu haben; und zu Beginn ihrer wissenschaftlichen Karriere haben die meisten Forscher hart mit dieser Aufgabe zu kämpfen. Einige wenige Glückliche haben ein natürliches Talent zum guten Vortragen; andere lernen rasch aus ihren Fehlern; doch sehr viele Wissenschaftler fahren leider in ihrer gesamten Laufbahn fort, schlechte Vorträge zu halten. Stop.

Der Erfolg eines jeden Vortrags hängt von folgenden Hauptfaktoren ab: 1) Inhalt, 2) visuelle Hilfsmittel und 3) Vortragsstil. Während die inhaltliche Vorbereitung eines Vortrags die gleichen Kenntnisse erfordert und nach den gleichen Kriterien geschieht wie die Vorbereitung einer Publikation, verlangen die anderen Faktoren – visuelle Hilfsmittel und Vortragsstil – ganz andere Fertigkeiten. In diesem Kapitel werden Empfehlungen dazu gegeben, wie die Vorbereitung und das Halten eines Vortrags zu optimieren sind.

Dabei werden zwei Ziele verfolgt: Zuerst möchte ich Sie auf Fallstricke und typische Fehler aufmerksam machen, deren sich Vortragende oft nicht bewusst sind (egal ob Studenten oder erfahrene Wissenschaftler), die aber gnadenlos von den Zuhörern kritisiert werden; und zweitens möchte ich Ihnen die notwendige Information geben, wie Präsentationen zu planen, zu üben und zu perfektionieren sind.

Wenn Sie Ihre ersten Anstrengungen zum Präsentieren Ihrer Forschungsergebnisse in geeigneter Weise unternehmen, dann können Sie den Prozess, sich als anerkannter Forscher auf Ihrem Gebiet zu etablieren, bedeutend beschleunigen. Und Sie können auch Kritik und vergebliche Anstrengungen vermeiden, indem Sie gute Vorträge halten. Ihre zukünftigen Studenten werden Ihnen dankbar sein, nicht allein für die klare Darstellung der Information in Vorlesungen und Vorträgen, sondern auch für das gute Vorbild.

Bevor ins Detail gegangen wird, sollen die verschiedenen Arten wissenschaftlicher Vorträge aufgelistet werden:

- mündliche Konferenzvorträge,
- Seminarvorträge,
- Vorlesungen für Studenten,

- Verteidigung einer Qualifikationsarbeit,
- Verteidigung eines Projektantrags,
- Posterpräsentationen.

All diese Vortragsarten erfordern dieselben Fertigkeiten. Das gilt insbesondere für die visuelle Präsentation. Sie unterscheiden sich jedoch stark im Umfang der Materialauswahl und dem Grad der Detailliertheit der Diskussion. Nicht allein die Länge der Vorträge ist unterschiedlich, von 10 min bis zu über einer Stunde, sondern auch die Zusammensetzung der Zuhörerschaft und deren Kenntnisse auf dem behandelten Gebiet unterscheiden sich stark. Diese Faktoren sollten bei der Vortragsplanung berücksichtigt werden.

In den folgenden Abschnitten wird im Wesentlichen – wenn nicht anders vermerkt – Rat zu Kurzvorträgen und eingeladenen Hauptvorträgen bei Konferenzen gegeben, typischerweise 10–30 min, sowie zum Verteidigen einer Dissertation. Für viele junge Wissenschaftler und Studenten sind Kurzvorträge nicht allein die häufigste Art, sondern auch diejenige, vor der sie die meiste Angst haben. Außerdem sollte man sich bewusst sein, dass man durch andere externe Kollegen kritisch begutachtet wird, worunter auch Kollegen sein können, die später über eine mögliche Einstellung mit zu entscheiden haben. Ein guter Eindruck beim Vortrag kann also weiterreichende positive Wirkungen entfalten.

2.1 Planung einer Präsentation

Wenn Sie erfahren, dass Sie einen Konferenz- oder Seminarvortrag zu halten haben, werden Sie beginnen darüber nachzudenken, welches Material präsentiert werden sollte. Während es nicht viel hilft, einen Vortrag Monate im Voraus in Angriff zu nehmen, ist es sehr nützlich, ihn früh genug vorzubereiten, besonders wenn Sie noch relativ unerfahren sind. Sie werden viel Vorbereitungszeit brauchen, nicht allein für die Materialsammlung und Auswahl, sondern auch zur Planung und Organisation des Vortragsinhalts, zur Vorbereitung der visuellen Präsentation und zum Üben des Vortrags einige Tage vor dem großen Auftritt.

Ein Bekannter hielt bei einer großen internationalen Konferenz einen exzellenten Vortrag. Als ich ihm dazu gratulierte und sagte, dass sein Vortrag noch besser als der des anwesenden Nobelpreisträgers war, meinte er: „Du kannst Dir nicht vorzustellen, wie lang ich an der Vorbereitung dieses Vortrags gesessen habe, die letzten beiden Wochen habe ich nichts anderes gemacht".

Man kann nicht sagen, dass er recht unerfahren war, denn im selben Jahr erhielt er noch den Nobelpreis. Aber dies zeigt, dass selbst die besten Wissenschaftler signifikante Anstrengungen unternehmen müssen, um überzeugende Vorträge vorzubereiten.

Als Faustregel für die Vorbereitungszeit empfehle ich, mit der Zusammenstellung eines Kurzvortrags ca. zwei Wochen vor der Konferenz zu beginnen. Viel früher ist oft nicht sinnvoll, da normalerweise noch Ergebnisse der letzten Tage vor der Konferenz aufgenommen werden. Für große Vorträge sollte etwas mehr Vorbereitungszeit eingeplant werden, mindestens drei Wochen. Doch all das hängt davon ab, wie weit aufbereitet das vorzustellende Material bereits vorliegt.

2.1.1 Zuhörerschaft

Bevor Sie mit der Vortragsvorbereitung beginnen, sollten Sie sich eine grundlegende Frage stellen: Wer werden die Zuhörer meines Vortrags sein? Was wissen diese Kollegen bereits, und woran werden sie wahrscheinlich interessiert sein? Erwarten Sie eine auf Ihrem Gebiet qualifizierte Zuhörerschaft oder ein gemischtes Publikum? Bei kleineren Spezialkonferenzen können Sie überwiegend von Fachleuten ausgehen, während bei großen Konferenzen mit einem breiten Themenspektrum auch Nichtspezialisten sich über andere Gebiete informieren möchten.

Oder werden, z. B. bei einer Sommerschule, vorrangig fortgeschrittene Studenten und junge Wissenschaftler die Teilnehmer sein? Wie weit sollten dann die Grundlagen diskutiert werden und wie weit sollte ins Detail gegangen werden? Die meisten Wissenschaftler vergessen, sich diese Fragen zu stellen, und sind dann überrascht, wenn die Resonanz auf ihren doch so toll vorbereiteten Vortrag nur mäßig ist. Je besser es Ihnen gelingt, sich inhaltlich auf das erwartete Publikum einzustellen, umso größer wird der Erfolg Ihres Vortrags (Abb. 2.1).

Wenn Sie vor Spezialisten sprechen, können mehr Details dargeboten werden. Doch für ein allgemeineres Publikum sollten besonders die Grundlagen ausführlich und verständlich vorgestellt werden. Dazu gehört auch, nicht ins Fachchinesisch zu verfallen. Die Benutzung von Analogien zu bekannten Erfahrungen ist immer hilfreich und unterstützt dabei, besseres Verständnis zu erreichen. Vor einem allgemeinen Publikum sollte man nicht zu sehr ins Detail gehen und nur die wichtigen Phänomene und weiterreichenden Implikationen möglichst verständlich darlegen. Seien Sie sich bewusst, dass selbst der bestvorbereitete Vortrag nicht angenommen wird,

Abb. 2.1 Gehen Sie auf die Interessen und das Wissen der Zuhörer ein © Thomas Hauss, DGK

wenn er außerhalb des Wissens und Interesses der Teilnehmer angesiedelt wird. Am kompliziertesten ist es, wenn Sie vor einem Publikum sprechen, das aus Spezialisten und Nichtspezialisten besteht. In diesem Fall ist es empfehlenswert, den Vortrag überwiegend so aufzubauen wie für Nichtspezialisten, aber gegen Ende mehr Details für die Kenner der Szene vorzustellen. Ein guter Mix ist, die ersten 50 % der Vortragszeit für die allgemeinen Aspekte zu benutzen und in der zweiten Hälfte den Spezialisten Neues vorzustellen. Auf diese Weise wird jeder Teilnehmer zufrieden aus dem Vortrag gehen und das Gefühl haben, etwas gelernt zu haben.

Vielleicht sollten Sie sich auch fragen, was die Vortragsteilnehmer motiviert, Ihren Vortrag zu besuchen. Brauchen sie die von Ihnen gelieferte Information für ihre Arbeit? Ist der Vortragsinhalt für das Studium oder das Examen nötig? Oder kommen sie nur, um etwas Neues kennenzulernen und sich an einer vielversprechenden Präsentation zu erfreuen? Wenn Sie diese Fragen beantworten können, hilft es Ihnen, die Zuhörerschaft nicht zu enttäuschen.

Ein Vortrag wird am meisten geschätzt, wenn die Mehrzahl der Teilnehmer versteht, was Sie vortragen. Auch wenn sie bereits einiges davon bereits zuvor wussten, sollte man die Worte von Enrico Fermi nicht vergessen, der sagte: „Man sollte niemals das Vergnügen unterschätzen, das die Leute haben, wenn sie etwas hören, was sie bereits wissen".

Vor einigen Jahren wurde ich auf der Grundlage eines interessanten eingereichten Vortrags-Abstracts eingeladen, bei der Tagung der Japanischen Gesellschaft für Angewandte Physik einen Hauptvortrag zu halten. Doch leider konnte ich nicht alle erwarteten Ergebnisse bis zur Konferenz erhalten. So entschloss ich mich am Abend zuvor, unter derselben Überschrift einen anderen Vortrag zu halten, nämlich ausschließlich über die von unserem Institut entwickelte neue Methode. Der Vortrag enthielt wenig neue wissenschaftliche Ergebnisse, aber dafür eine sehr klare Erklärung der experimentellen Technik, ihrer Grundlagen und ihres Anwendungspotenzials. Überraschenderweise war die Resonanz auf diesen Vortrag viel enthusiastischer als auf meine anderen, mehr spezialisierten Vorträge. Fünf Kollegen dankten mir für die gegebenen Erklärungen und sagten: „Wir haben den Direktor Ihres Instituts bereits mehrmals über dieses Thema vortragen erlebt, aber nie verstanden, wofür das Ganze eigentlich gut sein soll. Jetzt ist uns zum ersten Mal aufgegangen, wie bedeutend diese Methode ist. Wir würden gern eine Zusammenarbeit mit Ihnen entwickeln".

Ein grundlegender Fehler, vor allem vieler junger Wissenschaftler, ist es, aus Respekt anzunehmen, dass die anderen anwesenden Kollegen mit der vorgestellten Forschung vertraut sind. Doch dies trifft nur bei wenigen zu. Die meisten Forscher haben kaum den Einblick in mehr Forschungsgebiete als das eigene und in eine eher geringe Anzahl vertrauter analytischer Techniken. Deshalb haben Sie als der Vortragende fast immer den Vorteil, mehr als Ihr Publikum zu wissen. Benutzen Sie diesen Wissensvorsprung, um möglichst interessante und instruktive Erklärungen zu geben und nicht um die Zuhörer durch nicht nachvollziehbare Feststellungen zu verwirren und beeindrucken zu versuchen.

2.1.2 Titel und Abstract

Normalerweise müssen Sie den Vortragstitel und den Abstract bereits bei der Vortragsanmeldung festlegen, also auf die Konferenzankündigung hin und lange bevor der Vortrag steht. Weil danach eine Änderung nicht mehr möglich ist, sollten Sie bereits in diesem frühen Stadium gründlich darüber nachdenken, was in der zur Verfügung stehend Vortragszeit darstellbar ist und inwieweit das erwartete Publikum bereits mit der Thematik vertraut ist. Diese Überlegung ist für die Titelbestimmung und den Inhalt des Abstracts wichtig. Sollten in dem frühen Stadium lange vor der Konferenz noch nicht alle erwarteten Ergebnisse vorliegen, dann muss der Abstract etwas allgemeiner formuliert werden. Das Gleiche gilt für Kolloquiumsvorträge, bei denen auch normalerweise die vorherige Einreichung einer Zusammenfassung zur Vortragsankündigung erforderlich ist.

Der Titel sollte so kurz und ansprechend sein wie möglich. Es sollte klar aus dem Titel hervorgehen, worum es im Vortrag gehen wird. Ein anziehender Titel ist besonders wichtig für Konferenzen mit vielen Parallelvorträgen. Wenn ein ansprechender Titel und ein gut formulierter Abstract das Interesse der Konferenzteilnehmer wecken, dann wird der Vortrag auch gut besucht werden. Die Konferenzteilnehmer werden nur dann zu Ihrem Vortrag kommen, wenn er verspricht, interessant und informativ zu sein. Wenn Sie an einem heißen Thema arbeiten oder/und beeindruckende Ergebnisse erreicht haben, dann seien Sie nicht zu bescheiden in der Titelwahl und Abstract-Formulierung.

Wenn Sie dann den Vortrag halten, sollten Sie auch zum angekündigten Thema sprechen und nicht zu weit davon abweichen. Allerdings ist manchmal eine gewisse Modifizierung unvermeidlich, z. B. wenn man nicht alle erwarteten Ergebnisse rechtzeitig vor der Konferenz erhalten konnte. Doch man sollte es sich nicht zur Gewohnheit machen, Erwartungen zu wecken, die der Vortrag nicht erfüllt. Es wäre bestimmt keine gute Idee, einen Vortrag über Röntgenverfahren anzukündigen und schließlich über Kernphysik zu sprechen.

Wenn sehr prominente Wissenschaftler eingeladen werden, Plenarvorträge über ihre Arbeit zu halten, dann sind sie normalerweise frei, das Thema innerhalb gewisser Grenzen zu variieren. Vor vielen Jahren traf ich den Nobelpreisträger Gustav Hertz, der bereits weit über 80 Jahre alt war, nach einem seiner Vorträge (Abb. 2.2).

Abb. 2.2 Gustav Hertz © Claus Hampel/AP Images/picture alliance

Als ich ihm bewundernd erklärte, dass ich davon beeindruckt bin, wie er noch in so hohem Alter exzellent Vorträge vorbereitet und hält, antwortete er: „Junger Kollege, seit Jahren halte ich immer wieder denselben Vortrag. Die Kolloquiums- oder Konferenzorganisatoren bitten mich lediglich, den Titel etwas zu ändern, damit es nicht wie ein alter Hut aussieht, und gelegentlich den Schwerpunkt etwas zu verschieben".

Unglücklicherweise können Sie als weniger prominenter Wissenschaftsstar sich nicht ohne Weiteres diesen Luxus leisten.

2.1.3 Materialsammlung

Wenn Sie zu einem allgemeinen Publikum sprechen sollten, dann müssen Sie etwas weiter ausholen. In diesem Fall sollten Sie sich auf die Grundlagen und die allgemeinere Bedeutung des Themas konzentrieren und dies möglichst verständlich darlegen. Sprechen Sie vor Spezialisten, sollte die allgemeine Einführung viel kürzer sein. Und Sie werden einen solchen Inhalt darstellen, wie Sie ihn in einem Artikel publizieren würden.

Mit dieser Vorstellung im Hinterkopf sollte man beginnen, eine Liste von inhaltlichen Ideen aufzustellen. Dazu ist keine spezielle Struktur erforderlich. Es geht nur darum, erst einmal festzuhalten, was denn alles im Vortrag vorkommen könnte. Wenn man dies alles aufgeschrieben hat, sollte man zu einer Unterteilung in zwei Gruppen übergehen:

1. Inhalte, die präsentiert werden müssen, um das Thema darzustellen, und
2. Inhalte, die präsentiert werden können, wenn es die Zeit erlaubt.

Dafür ist es hilfreich, alle zu verwendenden Diagramme in perfekter Form parat zu haben. Wenn man sich nun die Gliederung für den Vortrag überlegt, wird noch deutlicher, welche Information in welche Gruppe gehört.

Bei der Vorbereitung des Vortragsinhalts ist es empfehlenswert, die folgenden Aspekte im Blick zu haben:

- Wie ist der Wissensstand auf Ihrem Forschungsgebiet? Sind Sie mit der aktuellen wissenschaftlichen Literatur wohlvertraut?

Dies sollte einleitend dargestellt und auch zur Darlegung der Motivation Ihrer Arbeiten herangezogen werden. Falls unterstützende oder widersprüchliche Ergebnisse von anderen Kollegen publiziert wurden, sollten Sie zumindest davon wissen. Auch wenn Sie diese Ergebnisse nicht in der Diskussion erwähnen, so sollten Sie zumindest auf entsprechende Fragen vorbereitet sein.

- Welche zusätzliche Information sollten Sie im Vortrag liefern, damit vollständiges Verständnis erreicht wird bzw. damit Ihre Anstrengungen in vollem Umfange gewürdigt werden können?

Dies können z. B. etwas Grundlegendes, etwas zur Geschichte, einige interessante experimentelle Details oder Hintergrundinformationen sein. Interessante Nebeninformationen steigern generell die Aufmerksamkeit für Ihren Vortrag.

- Was sind die Hauptinformationen? Erlaubt die zur Verfügung stehende Zeit deren gesamte Darstellung?

Falls dies nicht der Fall sein sollte, dann ist die Liste der notwendigen und möglichen Inhalte nochmals kritisch durchzugehen.

- Ist genügend wesentliche neue Information im Vortrag enthalten?

Das Publikum wird enttäuscht aus dem Vortrag gehen, wenn Sie überhaupt nichts Neues vorgestellt haben. Ein Vortrag muss immer gegenüber dem bereits Publizierten oder bei anderen Konferenzen Dargestellten einiges Neues bieten. Seien Sie sich bewusst, dass bei einem Kurzvortrag oder eingeladenem Hauptvortrag die eigenen Ergebnisse inhaltlich überwiegen müssen.

Etwas anders sieht es bei Übersichtsvorträgen aus, die oft Plenarvorträge sind. Dort wird in einer wertenden Gesamtsicht dargestellt, was andere Kollegen an einschlägigen Ergebnissen produziert haben. Der eigene Beitrag des Referenten kann dabei von untergeordneter Bedeutung sein. Allerdings sollte hier zumindest versucht werden, interessante neue Gesichtspunkte einzubringen. Haben Sie sich all dies überlegt, dann sollte im nächsten Schritt der detaillierte Plan für den Vortrag schriftlich entwickelt werden. Die Reihenfolge muss sowohl logisch als auch didaktisch sein, sodass die Zuhörer dem Vortrag ohne Anstrengung folgen können.

2.1.4 Struktur eines Vortrags

Die Struktur für einen Kurzvortrag könnte beispielsweise sein:

- Einführung, Stand des Wissens,
- das ungelöste Problem, Motivierung,

- Experimente zur Aufklärung der offenen Fragen,
- Ergebnisse,
- Interpretation,
- offene Fragen für zukünftige Forschungen,
- Schlussfolgerungen/Zusammenfassung.

Als Struktur eines längeren eingeladenen Übersichts- oder Plenarvortrags wäre möglich:

- Was ist der XYZ-Effekt?
- Warum ist er wichtig und interessant?
- An welchen offenen Fragen wird gegenwärtig gearbeitet?
- Was ist mein Beitrag zu diesem Mosaik?
- Zusammenfassung der vorliegenden Hauptergebnisse
- Welches Bild ergibt sich daraus?
- Ausblick in die Zukunft

Es ist nicht der Zweck einer solchen Struktur, den endgültigen Inhalt festzulegen, sondern lediglich eine Orientierungshilfe, um Ihnen zu helfen, das Material und Ihre Gedanken in eine zusammenhängende Geschichte zu bringen, die einen Anfang, einen Mittelteil und ein Ende hat. Man sollte versuchen, jeden Vortrag, egal ob lang oder kurz, wie eine Geschichte zu erzählen. Wir wissen, dass manche Geschichten glücklich ausgehen und andere den Leser oder Zuhörer vor ungelösten Fragen stehen lassen. Deshalb sollten Sie kein schlechtes Gefühl haben, wenn Sie nicht für alle offenen Fragen eine definitive Lösung anbieten können.

Falls der Titel nicht bereits lange vorher festgelegt werden musste, was normalerweise bei der Vortragsanmeldung geschieht, oftmals bevor alle erwarteten Ergebnisse vorliegen, dann können Sie sich nun noch einen guten Vortragstitel überlegen, der wiederum helfen kann, den Schwerpunkt richtig zu setzen und die Information möglichst verständlich zu kommunizieren.

Nach all diesen vorbereitenden Schritten kommen wir nun zum Kern.

2.1.5 Detaillierte Struktur und Inhalt

Die oben vorgestellte grobe Struktur des Vortrags zur Materialauswahl genügt noch nicht als Feinstruktur für Ihren Vortrag. Für einen Konferenzvortrag sollte die Struktur die gleiche sein wie für eine wissenschaftliche

Publikation, wobei Logik und Didaktik der Darlegung wichtig sind. Eine gute Gliederung und Strukturierung Ihres Vortrags wird auch als Ausdruck Ihres klaren Denkens verstanden.

Würde jedoch ein Vortrag so verdichtet gehalten, als ob eine Publikation vorgelesen würde, dann wäre es für das Publikum sehr schwierig, dem zu folgen. In einem mündlichen Vortrag darf die Information keinesfalls derartig dicht gepackt dargeboten werden. Wenn man eine Publikation liest, dann kann man Schritt für Schritt darüber nachdenken, einen Satz ein zweites Mal lesen, im Text zurückgehen, an anderer Stelle noch einmal nachlesen, um Begriffe oder Grundlagen zu klären. Dies ist bei einem Vortrag nicht möglich. Hier muss alles sofort verständlich werden. Deshalb muss ein Vortrag wesentlich mehr Worte enthalten, als man zur Darstellung derselben Ergebnisse in einer Publikation benutzen würde. Eine derart ausführliche Erklärung ist in der vorgegebenen Zeit nur möglich, wenn man sich auf das Wesentliche beschränkt und den Vortrag nicht inhaltlich überfrachtet. Ein typischer Fehler vor allem junger Wissenschaftler ist es, alles darstellen zu wollen, was man weiß und erforscht hat, wodurch nicht genügend Zeit bleibt, alles Angerissene ausführlich genug zu diskutieren. Deshalb ist der Rat:

> Für einen wissenschaftlichen Vortrag ist weniger mehr.

Das didaktische Element. ist für einen Vortrag noch bedeutender als für eine Publikation, selbst wenn Sie vor Spezialisten vortragen. Hierfür ist es wichtig, Analogien heranzuziehen, einen vereinfachten und geradlinigen Argumentationsweg zu wählen und die Information so weit wie möglich zu visualisieren. Wenn Sie zu einem Publikum sprechen, das mit der fachspezifischen wissenschaftlichen Terminologie nicht vertraut ist, stellen Sie sicher, dass Sie nicht in einen Fachjargon verfallen, mit dem Sie die Zuhörer abhängen. Versuchen Sie, den Inhalt so einfach und so interessant wie möglich darzustellen. Es sollte Ihr Ziel sein, dass die Zuhörer mit dem Gefühl aus dem Vortrag gehen, alles verstanden und einiges Neues gelernt zu haben.

Der nächste Schritt muss sein, das Material logisch zu unterteilen und auf PowerPoint-Bilder *(slides)* zu verteilen, es in verdaubare Einzelhäppchen zu zerlegen.

Dabei ist es das Ziel, das Material gut zu unterteilen, wobei jedes Slide einen Teil der gesamten Geschichte möglichst geschlossen darstellen sollte. Dabei müssen Sie sich bewusst sein, dass Sie für jedes einzelne Bild ca. 1–1,5 min zur verständlichen Erklärung benötigen. Geben Sie den Zuhörern die notwendige Zeit, um die Information aufzunehmen. Bedenken Sie, dass Sie die Abbildungsinhalte, Achsen und Tendenzen erläutern müssen.

Das bedeutet: Für einen typischen Kurzvortrag bei einer Konferenz von 15–20 min Dauer sollte man nicht mehr als zehn bis 15 inhaltliche Slides plus ein Titel-Slide und ein Danksagungs-Slide planen.

Die Reihenfolge der Slides wird durch die vorher überlegte Struktur vorgegeben. Dabei wird für einige Hauptpunkte des Vortrags mehr als ein Slide nötig sein. Im Abschnitt über Slide-Vorbereitung (Abschn. 2.2.2) werden Sie im Einzelnen sehen, wie viel Information pro Slide gezeigt werden soll. In den darauf folgenden Abschnitten wird es um die Einzelheiten der Slide-Vorbereitung gehen.

Es ist nicht empfehlenswert, den Vortragstext Wort für Wort aufzuschreiben. Die Bilder werden Ihnen helfen, sich an die Hauptpunkte zu erinnern. Doch man sollte sich vorher gründlich überlegen, was man erzählen will, den Vortrag im Detail planen. Anfänger müssen sich mehr Notizen über das zu den Bildern zu Erzählende machen als erfahrene Vortragende.

Die Struktur eines Vortrages ist ähnlich zur Struktur einer Publikation. Sie sollte die folgenden Teile enthalten:

Einführung – Was ist das Problem?

Eine häufig gehörte Einführung ist: „Heute möchte ich Ihnen über unsere Arbeit zu … berichten", wobei der Vortragstitel nochmals ausgesprochen wird. Dies ist zwar ein sicherer, aber eher undramatischer Weg, einen Vortrag zu beginnen. Bei langen Vorträgen ist es oft nützlich, eine inhaltliche Übersicht voranzustellen. Bei Kurzvorträgen ist dies jedoch ein überflüssiger Luxus, der einen Teil der knappen Vortragszeit kostet. Wenn man verdeutlichen möchte, an welcher Stelle der Gliederung man bei einem umfangreichen und viele verschiedene Probleme umfassenden Vortrag ist, kann man auch bei jedem neuen Thema das Inhaltsverzeichnis kurz einblenden, wobei das aktuelle Thema farbig hervorgehoben ist. Dafür sollte allerdings das Inhaltsverzeichnis bei Konzentration auf die Hauptüberschriften in nur einem Slide dargestellt werden. Nach der Einführung wird das Thema kurz umrissen, wobei die Motivation für die durchgeführten Arbeiten gegeben wird, vielleicht auf der Grundlage des bisher erreichten und limitierten Wissensstandes. Dabei sollten die durch den Vortrag zu beantwortenden Fragen genannt werden.

Ist Ihnen schon einmal aufgefallen, dass es oft die ersten drei Sätze eines Vortragenden sind, die über Ihr weiteres Interesse entscheiden? Davon wird oft beeinflusst, ob Sie bereit sind, dem Vortrag ernsthafte Aufmerksamkeit zu schenken. Deshalb sollten Sie sich bemühen, die einleitenden Sätze so interessant wie möglich zu gestalten. Wenn Sie einmal durch eine langweilige oder konfuse Einleitung oder durch monotone oder zu leise Sprechweise die Aufmerksamkeit verloren haben, dann wird es schwer, diese zurückzuerlangen. Deshalb sollten Sie sich die einleitenden Sätze sehr gründlich überlegen und eventuell ihre perfekte Darbietung vorher üben. Auch der lustige Bezug auf obskure Ergebnisse in einem ersten Slide oder eine humorvolle Bemerkung kann helfen, das Eis zu brechen. Doch wenn Sie mit humoristischen Einlagen nicht so vertraut sind, dann sind Sie mit einer klaren Darstellung auf der sichereren Seite. Durch Ihre Einführung muss jeder Teilnehmer zu der Überzeugung gelangen, dass Sie Wichtiges mitzuteilen haben und hoch kompetent sind – und nicht zuletzt, dass Sie von dem überzeugt sind, was Sie erzählen.

Experiment und Methoden – Was machen wir?
In diesem normalerweise kurz gehaltenen Abschnitt legen Sie dar, welche Methoden und analytischen Techniken Sie angewendet haben. Sind es bekannte Methoden, genügt die Erwähnung; bei selbst entwickelten, weniger bekannten Methoden ist etwas mehr zu erläutern. Auch die Probenpräparation und Verarbeitung der Primärdaten sollten klargemacht werden, damit die Ergebnisgewinnung nicht mysteriös erscheint (Abb. 2.3)

Abb. 2.3 Experimentatorin Marie Curie © The Print Collector/Heritage Images/picture alliance

Ergebnisse und Diskussion

Genau wie bei einer Publikation ist dieser Teil der wichtigste. In wissenschaftlichen Beiträgen ist er manchmal in zwei separate Abschnitte aufgeteilt. In einem Vortrag jedoch müssen die Ergebnisse diskutiert werden, wenn sie vorgestellt werden und solange der Eindruck davon noch frisch ist. Ein weiterer Unterschied zwischen einer wissenschaftlichen Originalarbeit und einem Kurzvortrag ist, dass in einer Publikation umfangreiche Daten mit einer langen Interpretation dargestellt werden können. In einem Kurzvortrag steht dafür nicht so viel Zeit zur Verfügung. Außerdem könnte dadurch die Zuhörerschaft mit Informationen überladen werden. Deshalb ist es extrem wichtig, die bedeutendsten Ergebnisse auszuwählen und diese klar und überzeugend zu vermitteln. Wenn Sie Ihre Ergebnisbilder zeigen, nehmen Sie sich die Zeit, die Achsen und den Kurvenverlauf und alles, was man im Bild sieht, auch in Worten – und nicht zu schnell – zu erklären. Hängen Sie Ihr Publikum nicht durch zu rasches Präsentieren der Ergebnisse ab. Geben Sie ihm genügend Zeit, Ihre Erklärungen ins Bewusstsein einsinken zu lassen. Es sollte das Ziel sein, dass die Zuhörer so wenig wie möglich nachdenken müssen und so viel wie möglich verstehen.

Wenn Sie Ihre Ergebnisse vorstellen, sollten Sie diese mit Blick auf die von Anderen publizierten Resultate diskutieren, um gewissermaßen Ihr neues Wissen in das vorhandene Wissensgebäude einzuordnen. Doch dabei sollte man nicht – wie meistens üblich – nur solche Befunde heranziehen, die die eigene Interpretation unterstützen. Wenn bei vergleichbaren Untersuchungen von Kollegen andere Schlussfolgerungen erreicht wurden, sollte man dies zumindest erwähnen und zugleich versuchen, die Ursachen für die bestehenden Unterschiede zu erklären. Doch geben Sie niemals den Eindruck, nichts Neues vorzustellen und vielleicht nur Literaturergebnisse zu diskutieren. Stellen Sie immer klar heraus, was wesentlich und neu in Ihren Arbeiten ist.

Versuchen Sie immer, so weit wie möglich eine klare Interpretation Ihrer Ergebnisse zu liefern. Doch wenn die vorliegenden Ergebnisse noch nicht ausreichen, eine schlüssige, endgültige Interpretation zu geben, dann sollten Sie besser die noch offenen Fragen auflisten, als in wilde und ungesicherte Spekulationen zu verfallen. Das Aufstellen einer begründeten Arbeitshypothese in Verbindung mit einem Plan zu ihrer Bestätigung könnte in einem solchen Fall ein nützlicheres Vortragsende darstellen, als sich in wilden Vermutungen zu ergehen.

Schlussfolgerungen – Zusammenfassung und Botschaft zum Mitnehmen
Bei vielen Vorträgen erlebt man am Ende eine Zusammenfassung. Hierbei
werden die Hauptaspekte der Diskussion systematisch wiederholt, ohne dass
irgendetwas Neues gesagt wird. Oft bedeutet das die wörtliche Wiederholung
der Hauptsätze der Diskussion. Eine Alternative dazu und der bessere Weg ist
es, abschließend einige verallgemeinernde Schlussfolgerungen zu ziehen.

Versuchen Sie dabei, Ihre Ergebnisse gewissermaßen aus der Fernsicht zu
bewerten, während Sie in der Diskussion die Nahsicht hatten. Stellen Sie
hierbei die allgemein bedeutenden Aspekte und Implikationen Ihrer Arbeit
heraus. Versuchen Sie, den Zuhörern eine Botschaft zu vermitteln, die sie
mit nach Hause nehmen können. Formulieren Sie diese Botschaft möglichst
einfach und prägnant und in kurzen Sätzen. Da sich die meisten Menschen
nicht an mehr als drei Dinge auf einmal erinnern können, limitieren Sie
Ihre Kernbotschaft möglichst auf nur drei Punkte. Dann wird Ihr Vortrag
vielleicht der einzige der Konferenzsitzung sein, an den sich die Teilnehmer
auch noch danach erinnern; und es wird das Gefühl entstehen, dass Ihr Vortrag eines der Glanzlichter der Konferenz war.

Anerkennung – Wer trug zur Arbeit bei oder finanzierte sie?
Es ist eine gute Praxis, die Kollegen oder Organisationen am Schluss eines
Vortrages dankend zu erwähnen, die zur Gewinnung der vorgestellten
Ergebnisse beitrugen, ohne als Co-Autoren ausgewiesen zu sein. Dazu können Mitarbeiter, technische Hilfskräfte, Studenten, Diskussionspartner und
der Chef gehören, der die förderlichen Rahmenbedingungen schuf oder
zumindest die Durchführung der Arbeiten erlaubte, auch wenn er nicht
selbst direkt dazu beitrug. Nicht vergessen werden sollte die Erwähnung
der das Projekt finanziell unterstützenden Institutionen, ohne die das For-
schungsbudget nicht bereitgestanden hätte. Da bei manchen Konferenzen
eingeladene Hauptvorträge nur einen Autor haben dürfen, muss dann unbedingt die Unterstützung der Kollegen anerkannt werden, die anderweitig als
Co-Autoren aufgetaucht wären. In solchen Fällen wirkt es sehr fair, wenn
der Vortragende seine Ausführungen mit einem Foto der Gruppe beginnt,
die die vorzustellenden Ergebnisse produziert hat und die Einzelbeiträge
der Kollegen oder Studenten darstellt. Der Vorteil einer vorangestellten
Anerkennung ist, dass die Zuhörer nicht von Ihrer Hauptbotschaft in den
Schlussfolgerungen abgelenkt werden. Diese können dann noch während
der Diskussion gezeigt bleiben und dadurch besser in das Bewusstsein der
Teilnehmer einsinken. Gelegentlich wird auch die Danksagung unmittelbar
vor den Schlussfolgerungen gezeigt und bleibt noch während der Diskussion
an der Wand projiziert.

Die Anerkennung ist normalerweise das letzte Slide eines Vortrags. Dieser Text muss nicht notwendigerweise vorgelesen werden, es sei denn, Sie wollen bestimmte Beiträge einer speziellen Würdigung unterziehen.

Haben Sie jedoch völlig unabhängig und ohne Wechselwirkung mit anderen Kollegen gearbeitet und hatten auch keine externen Geldgeber, dann entfällt natürlich die Anerkennung am Ende des Vortrags.

Psychologisch verführerischer Vortragsaufbau
Es gibt allerdings auch eine völlig andere Herangehensweise an den Vortragsaufbau, die ich zwar nicht empfehle, die aber von manchen Wissenschaftlern, oftmals älteren Kollegen, praktiziert wird. Diese Vortragsstruktur ist folgende:

- Im ersten Teil des Vortrags erzählt man dem Publikum, was es bereits weiß. So gewinnt jeder Teilnehmer das befriedigende Gefühl, doch ein gewisses wissenschaftliches Verständnis zu haben.
- Im zweiten Teil wird etwas Neues erzählt. So sieht jeder, dass es keine Zeitverschwendung ist, diesen Vortrag zu besuchen, und man etwas daraus lernen kann.
- Im dritten Teil wird alles in möglichst komplizierter Art und Weise dargestellt, mit dem Ziel, dass niemand überhaupt etwas versteht. Auf diese Weise wird klargestellt, auf welch hohem wissenschaftlichem Niveau der Vortragende arbeitet, und der Respekt vor der hohen Wissenschaft des Vortragenden wird gewahrt.

2.2 Visuelle Hilfsmittel

2.2.1 Vorteile visualisierter Darstellungen

Eine wissenschaftliche Präsentation ist nicht so etwas wie die Ansprache eines Politikers, die Predigt eines Pfarrers oder eine Radioübertragung. Für eine wissenschaftliche Präsentation ist die Visualisierung des Dargestellten eminent wichtig. Der optische Stil eines Vortrags kann wesentlich zu seinem Erfolg oder Misserfolg beitragen.

Ein Sprichwort besagt: „Ein Bild sagt mehr als 1000 Worte." Dies gilt besonders, wenn es um die Darstellung komplexer wissenschaftlicher und technischer Inhalte geht. Die bildliche Darstellung Ihrer Ergebnisse ist viel effizienter als in langen Tabellen und Zahlenkolonnen oder sie nur mündlich zu beschreiben. Trends und Abhängigkeiten werden in grafischer Form viel besser erkennbar.

Die Empfehlung, Bilder zu benutzen, gilt auch ganz analog für die Sprechweise. Versuchen Sie dort, wo es angebracht ist, in Bildern und Analogien zu sprechen. Wenn an vorhandenes Wissen und Erfahrung angeknüpft werden kann, ist es viel leichter, etwas Neues zu verstehen. Einige Menschen lernen besser durch Lesen, andere durch Zuhören. Wenn Ihre Information zugleich mündlich im Vortrag und schriftlich in den Projektionen dargeboten wird, dann werden sowohl der Sinn des Sehens als auch der des Hörens angesprochen. Durch das gleichzeitige Ansprechen dieser beiden sensorischen Kanäle wird Ihre Botschaft intensiver empfangen. Selbst der Berührungssinn kann zusätzlich mit einbezogen werden, z. B. durch das Herumreichen von Proben im Auditorium. Darüber hinaus können die Sinne durch einfache und möglichst eindrucksvolle Demonstrationsexperimente angesprochen werden. Ein bemerkenswertes Beispiel dafür ist Richard Feynmans Demonstration des Brüchigwerdens eines Gummidichtrings bei tiefen Temperaturen zur Aufklärung der Challenger-Katastrophe.

Auch für Lehrzwecke in experimentell orientierten Vorlesungen sind Demonstrationsexperimente ganz wichtig. Dazu sagte Jearl Walker von der Cleveland State University: „Der Weg, die Aufmerksamkeit der Studenten zu erlangen, ist die Vorführung von Experimenten, bei denen die reale Möglichkeit besteht, dass der Professor verunglückt".

In den meisten Vorträgen wird jedoch ausschließlich die visuelle Information eingesetzt, die hinter dem Sprecher an die Wand projiziert wird. Computerpräsentationen eignen sich dabei häufig viel besser als mit Kreide an eine Wandtafel zu schreiben.

Computerpräsentationen

Hierbei werden Bildschirmdarstellungen mit einem Beamer an die Wand projiziert. Typischerweise wird dafür Microsoft PowerPoint eingesetzt, ein Bestandteil des Office-Pakets. Dies ist auch für Macintosh-Computer verfügbar. Doch Mac-Fans werden wahrscheinlich das Apple-Präsentationsprogramm Keynote bevorzugen. Alles, was im folgenden Text über PowerPoint gesagt wird, gilt genauso für Keynote und vergleichbare Präsentationsprogramme.

Computerpräsentationen haben eine Reihe von Vorteilen gegenüber den alten Folien. Diese Programme sind recht einfach und intuitiv zu handhaben. Wenn Sie ein vorgegebenes Standardlayout oder ein selbst erzeugtes Layout benutzen, dann haben automatisch alle Bilder das gleiche Format,

z. B. bezüglich Schrift- und Überschriftengröße und -farbe, Hintergrundfarbe, eingebautes Institutslogo oder Name des Vortragenden. Bei der Vorführung muss dann nur eine Taste gedrückt werden, um zum nächsten Bild zu gelangen.

Der didaktische Vorteil einer derartigen Präsentation ist, dass Bilder Schritt für Schritt gezeigt werden können, ohne den Zuhörer mit zu viel erst später relevanter Information zu überfordern. Dies ist z. B. nützlich, wenn komplexe Bilder aufgebaut oder mehrere Kurven in einer Abbildung vorgeführt werden. Wenn Sie die einzelnen Elemente oder Kurven nacheinander einblenden und überall die Erklärung zu den Unterschieden geben, dann können die Beziehungen viel klarer herausgearbeitet werden. Desgleichen können Textblöcke oder Zeilen erst dann eingeblendet werden, wenn sie diskutiert werden. Das verhindert, dass später zu Diskutierendes bereits vorher gelesen und so die Aufmerksamkeit des Publikums vom gesprochenen Wort abgelenkt wird. Allerdings kann bei einem zeilenweisen Aufbau der Slides eventuell die Flüssigkeit des Vortrags leiden, weil der Vortragende sich nicht sicher ist, was denn als nächstes zu besprechende Thema auftauchen wird.

Dem Einsatz von Farben sind technisch keine Grenzen gesetzt. Doch man sollte sich bewusst sein, dass zu bunte Bilder die Aufmerksamkeit eher ablenken als fördern. Die Farbe sollte die Struktur des Vortrags unterstützen und hervorheben. Es ist nützlich und auflockernd, für die unterschiedlichen Überschriftenniveaus verschiedene Farben zu benutzen. Die Farbwahl, Schriftgröße und -art sollte jedoch anschließend im gesamten Vortrag einheitlich gehalten werden. Auch kann das Wesentliche farbig hervorgehoben werden. Sie sollten aber auf jeden Fall darauf achten, dass die farbigen Texte und Kurven gut erkennbar sind. Deshalb sollten nur intensive Farben hierfür benutzt werden und nicht schwache Farben wie Gelb oder Hellblau. Die Slides haben Querformat. Zur Belebung eines Vortrags können Animationen, bewegte Bilder oder Cartoons, dienen. Doch sollte man den Einsatz derartiger Animationen sehr kritisch prüfen. Oftmals wirken sie eher störend und ablenkend.

Bevor Sie einen Vortrag halten, sollten Sie sicherstellen, dass es vor Ort auch einen geeigneten Beamer gibt. Bei Computervorträgen ist es höchst empfehlenswert, bereits länger vor dem Vortrag geprüft zu haben, ob es gelingt, den eigenen Computer mit dem Projektor zu verbinden. Bei vielen Konferenzvorträgen erlebt man, dass der Referent einen beträchtlichen Teil seiner Vortragszeit benötigt, um dieses Verbindungsproblem zu lösen. Deshalb empfehle ich Ihnen: Haben Sie Ihren Vortrag zusätzlich auf einem Memorystick dabei. Wenn Sie Verbindungsprobleme haben, können Sie den Computer eines Kollegen borgen, bei dem es vorher funktionierte, und Ihren Vortrag ohne zu großen Zeitverlust halten.

Ein weiterer Vorteil von Computerpräsentationen ist es, dass man noch in letzter Minute Veränderungen und Ergänzungen vornehmen kann. Stellen Sie sich vor, dass vor Ihnen ein Kollege etwas vorträgt, das Bezug zu Ihrem folgenden Vortrag hat. Wenn Sie ihr Notebook dabeihaben, können Sie noch zusätzliche Punkte in die Präsentation aufnehmen. Dann wird jeder beeindruckt sein, wie aktuell Ihr Vortrag ist, dass Sie erst vor 10 min vorgetragene Ergebnisse bereits wertend diskutieren.

2.2.2 Vorbereitung der Slides

Eine schlechte Vorbereitung des visuellen Materials einer Präsentation ist oft Ursache für das Unbehagen der Zuhörer. Die im Folgenden dargelegten Richtlinien sollen Ihnen helfen, die visuellen Hilfsmittel zu optimieren und einen angenehmen optischen Eindruck Ihres Vortrags zu erreichen. Bitte beachten Sie, dass es erst dann sinnvoll ist, die Slides vorzubereiten, wenn der Vortragsinhalt feststeht – wenn nicht auf dem Papier, dann zumindest im Kopf.

2.2.3 Wie viele Bilder?

Die erlaubte Vortragszeit bestimmt die mögliche Anzahl von Slides. Wie bereits oben gesagt, sollte man als Faustregel von ca. 1,5 min pro Slide ausgehen. Man zeigt das Bild nicht nur, sondern muss dazu auch etwas berichten, ausgenommen selbsterklärende Cartoons zur Auflockerung. Geben Sie dem Publikum genügend Zeit zu verstehen und aufzunehmen, was an Text und Bildern gezeigt wird. Keinesfalls sollten Sie unter eine Minute pro Slide gehen. Wenn Sie bereits vorher wissen, dass zu einigen Bildern viel zu sagen ist, dann sollten Sie auch dafür mehr Zeit einplanen und dies bezüglich der Anzahl der Slides berücksichtigen. Entsprechend sollten für einen 15-min-Vortrag nicht mehr als zehn Slides plus ein Titel- und Danksagungs-Slide geplant werden. Wenn der Inhalt feststeht, unterteilen Sie ihn in solche Einheiten, dass auf einem Slide jeweils ein zusammenhängendes Thema abgehandelt wird. Mehr als ein Thema sollte nicht pro Slide auftauchen. Es ist besser, mehr Slides zu haben als zu viel Information in ein Slide zu pressen. Seien Sie sich bewusst, dass Sie nicht mehr Zeit im Vortrag benötigen, wenn Sie die dicht gepresste Information überfrachteter Slides auf eine größere Anzahl inhaltlich weniger dicht gepackter Slides verteilen. Bei der Planung sollte selbstverständlich nicht vergessen werden, ein einleitendes und ein zusammenfassendes Slide vorzubereiten. Starten Sie nicht in medias res, und lassen Sie das Ende Ihres Vortrags nicht offen.

2.2.4 Informationsmenge

Wahrscheinlich ist der wichtigste hier zu gebende Ratschlag folgender: Überladen Sie nicht die Slides. Je geringer die Informationsmenge je Slide ist, desto besser wird die Information aufgenommen. Stellen Sie sich vor, dass ein Vortragender sein Publikum von der Falschheit einer Hypothese überzeugen will. Eindrucksvoller als ein Slide mit zehn komplizierten und nicht nachzuvollziehenden Formeln ist ein Slide mit nur dem Wort „Nein". Während dies gezeigt wird, kann mit ein paar Worten die Begründung besser umrissen werden als mit ausufernder Detailinformation. Dies ist natürlich ein Extrembeispiel, und in vielen Fällen ist mehr Erklärung nötig. Die Botschaft „weniger ist mehr" sollten Sie immer bei der Vorbereitung des Materials im Hinterkopf behalten.

Eine von Lernpsychologen aufgestellte goldene Regel besagt, dass ein Slide nicht mehr als 13 Textzeilen beinhalten sollte, wenn die Aufmerksamkeit des Publikums nicht überfordert werden soll. Manche Vortragende bevorzugen nur fünf Zeilen, um die Sinneinheiten überschaubar zu halten. Amerikanische Psychologen gehen noch weiter: Sie sagen, ein Slide sollte nicht mehr als 30 Worte enthalten. Das sind zwar gut verdauliche kleinere Informationsbrocken, die auf nur drei bis fünf Zeilen stehen können, aber dadurch muss man die Information in sehr kleine Stücke herunterbrechen.

Planen Sie die Information in Paragrafen zusammenzufassen, dann sind ca. fünf Paragrafen pro Folie ein goldenes Maß.

Zeigen Sie nur Texte und Bilder, die Sie auch besprechen. Entfernen Sie deshalb nicht besprochene Textteile und Bilder, da dies nur Unbehagen bei den Zuhörern erzeugen würde.

2.2.5 Überschriften

Die beste Struktur ist, eine Überschrift je Slide zu haben. Gibt es mehrere Slides zu einem Hauptthema, kann auch eine zusammenfassende Überschrift zusätzlich darüber stehen. Die Überschriften sollten kurz und prägnant sein und außerdem möglichst attraktive Schlüsselwörter enthalten, um das Interesse der Zuhörer zu wecken. Eine kurze Frage macht sich auch gut als Überschrift. Nachdem Sie beispielsweise Ihre neue Hypothese klar dargelegt haben, könnte das nächste Slide den Titel haben: „Wie können wir das nachweisen?" – und dann erklären Sie die durchgeführten Experimente. Doch wie alle guten Ideen sollte auch diese nicht überstrapaziert werden. Falls Sie unsicher sind, dann ist eine weniger attraktive, aber langweilige korrekte Überschrift immer noch besser als eine attraktive, aber irreführende.

2.2.6 Schlüsselworte und Kernfeststellungen

Der Haupttextinhalt der Slides sollte aus Stichpunkten bestehen. Der vollständig ausformulierte Text dazu hat vom Vortragenden zu kommen. Keinesfalls sollte man komplette Sätze formulieren. Diese sind bereits lange, bevor der Sprecher sie vorliest, vom Publikum gelesen worden, womit das Vorlesen eigentlich überflüssig wird. Dadurch kann selbst der Vorleser als überflüssig empfunden werden.

Andererseits sollten aber die Stichworte bereits eine klare Botschaft enthalten und nicht dubios wirken. Besser als z. B. nur „Zellteilung" zu schreiben ist es, etwas zusätzliche, relevante Information aufzunehmen, wie z. B. „reduzierte Zellteilung nach zwei Tagen".

Die Texte der Slides haben nicht allein den Zweck, dem Publikum die Hauptfakten mitzuteilen. Sie sind für Sie als Vortragenden genauso wichtig, um nicht zu vergessen, was Sie alles diskutieren wollten. Wenn Sie Ihre Slides gründlich vorbereitet haben, dann brauchen Sie keine Angst zu haben, dass Sie vergessen, Wesentliches zu besprechen.

2.2.7 Typografie und Schriftgröße

Benutzen Sie unterschiedliche Schriftgrößen und Schriftarten (Fonts), um die einzelnen Hierarchieebenen der Überschriften und den übrigen Text zu unterscheiden. Falls Sie außer zwei Überschriftenniveaus und dem Haupttext noch eine dritte Schriftgröße/Schriftart einführen, beachten Sie, dass es dann nicht noch mehr werden sollte, da dies zu viel Unruhe ins Bild bringen könnte (Abb. 2.4). Auch Schrägstellung (kursiv) ist als eigenständige Schrift zu behandeln. Außerdem sollte für den gesamten Vortrag das gleiche Schrift- und Überschriftenschema beibehalten werden. Nehmen Sie immer dieselbe Schriftart, Größe und Farbe dieselbe Hierarchieebene. Ebenso sollte die Nummerierung im gesamten Vortrag konsistent sein.

Welche Schriftgröße sollte benutzt werden? Die Größe des Vortragssaals hat hierauf einen Einfluss. Um sicherzugehen, dass Ihre Slides von allen Plätzen aus gut erkennbar sind, sollte die Mindestschriftgröße 18 Punkt sein. Noch besser ist 20 Punkt.

Unterschiedliche Schriftarten und Farben können auch gewählt werden, um Schwerpunkte zu setzen. Während in einem Artikel zur Hervorhebung Schrägstellung erste Wahl ist, kann bei einem Vortrag am besten Fettdruck oder Hervorhebung in Rot gewählt werden. Warum dieser Unterschied? Ein gedruckter Text wird normalerweise komplett gelesen, wobei die schrägen Hervorhebungen auffallen. Hierbei würde Fettdruck das Auge vom Rest des

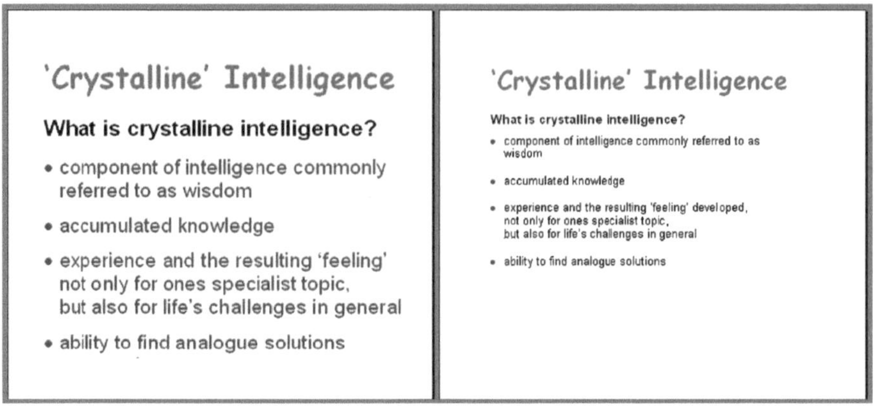

Abb. 2.4 Geeignete und zu geringe Schriftgröße in einem Slide

Textes ablenken. Bei einem Slide wollen Sie aber gerade das erreichen, nämlich die Konzentration auf die wichtigste Feststellung. Deshalb ist hier Fettdruck oder farbige Hervorhebung am geeignetsten.

2.2.8 Diagramme

Diagramme und andere Bilder müssen ebenfalls erkennbar und lesbar sein. Das bedeutet, dass alle Linien stark genug und in der Farbe intensiv genug sein müssen, um klar erkannt werden zu können. Farbe sollte eingesetzt werden, um einzelne Kurven oder Teile in Bildern zu unterscheiden oder hervorzuheben.

Ebenso wie der Text sollten auch die Bilder auf die Hauptinformation beschränkt bleiben. Zeigen Sie nicht alle 36 Schritte der Halbleiterreinigungsprozedur in einem Bild, wenn dies eine nur unwesentliche Randinformation für den Vortrag ist. Während dies eine nützliche Zusatzinformation in einer Publikation sein kann, lenkt das im Vortrag nur vom Wesentlichen ab. Wählen Sie nur relevante Informationen aus.

In grafischen Darstellungen müssen alle Achsen klar benannt werden, ebenfalls mit mindestens Schriftgröße 18 Punkt. Falls das bei gescannten Bildern nicht der Fall ist, beschriften Sie die Achsen neu, was in PowerPoint ohne Weiteres möglich ist. Nicht selbsterklärende Fotos sollten mindestens eine erläuternde Textzeile bekommen.

Die Benutzung des serifenlosen Schrifttyps Arial ist in Diagrammen passender als Times New Roman.

Wissenschaftliche Abbildungen sollten nicht nur zwei Pfeile als Achsen enthalten. Besser ist es, einen Rahmen um den Graphen zu legen (Abb. 2.5). Dabei sollten die Einheitenstriche auf allen vier Seiten eingezeichnet sein.

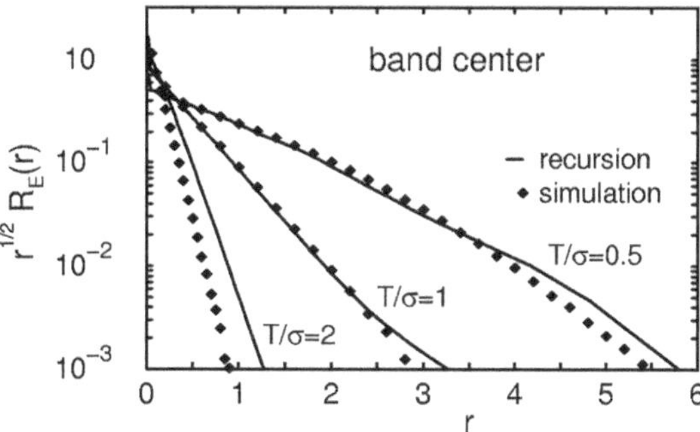

Abb. 2.5 Abbildung mit Rahmen

Kombinieren Sie nicht zu viele Einzelbilder in einem Slide. Jedes einzelne Bild sollte gut erkennbar bleiben.

Manchmal ist es nützlich, in einer Grafik ein eingesetztes kleineres Bild zur schematischen Illustration der Messung einzubauen.

Wenn möglich, sollten Sie gegen Ende des Vortrags versuchen, eine zusammenfassende Schlüsselabbildung zu zeigen.

Längere Texte sind besser lesbar auf hellem als auf dunklem Hintergrund.

2.2.9 Mathematische Formeln

In einem Vortrag sollte nur solches Material gezeigt werden, das entweder bekannt oder durch die im Vortrag gegebenen Erklärungen leicht zu verstehen ist. Deshalb sollten komplizierte mathematische Ableitungen, die viel Zeit zum Nachvollziehen erfordern, besser nicht in Vorträgen dargeboten werden (Abb. 2.6).

Hierfür ist eine Publikation geeigneter. Falls eine mathematische Ableitung Hauptbestandteil der Arbeit ist, dann ist es besser, das Resultat zu zeigen und den Weg in Worten zu skizzieren.

Es gibt natürlich immer wieder Wissenschaftler, die der Versuchung nicht widerstehen können, ihre überlegene mathematische Bildung vorzuführen. Sie glauben irrtümlich, dass Kollegen und Professoren durch eine komplizierte Darstellung des Einfachen zu beeindrucken sind. Sie meinen, dass die Eleganz der Formulierung.

$$\ln(e) + \sin^2 x + \cos^2 x = \sum_{n=0}^{\inf} 2^{-n}$$

keinesfalls durch die äquivalente einfachere Formulierung $1 + 1 = 2$ erreicht wird.

$${}^t q'_{13} : T_{(y_\circ, p_X, p_Z^a)}(Y \times T^*(X \times Z)) \hookrightarrow T_{(p_X, y_\circ, p_Z^a)} T^*(X \times Y \times Z)$$

is transversal to $\mathrm{Im}(\delta_\pi^{-1}(\lambda_1 \times \lambda_2) \xrightarrow{\;{}^t\delta\;} T_{(p_X, y_\circ, p_Z^a)} T^*(X \times Y \times Z))$, where $y_\circ = \pi(p_Y) \in T_Y^* Y$. Now, let $\rho' \subset \rho \subset T_{(p_Y^a, p_Y)}(T^*(Y \times Y))$ be the isotropic subspaces defined by

$$\rho'^{\perp} = T_{(p_Y^a, p_Y)}(Y \times_{Y \times Y} T^*(Y \times Y)) \text{ and } \rho = T_{(p_Y^a, p_Y)}(T_Y^*(Y \times Y)) \ .$$

Then we have:

$$T_{(p_X, p_Y^a, p_Y, p_Z^a)}\left(X \times Y \times Z \underset{X \times Y \times Y \times Z}{\times} T^*(X \times Y \times Y \times Z) \right) \simeq E_Y \oplus \rho'^{\perp} \oplus E_Z^a \ ,$$

$$T_{(p_X, y_\circ, p_Z^a)} T^*(X \times Y \times Z) \simeq (E_X \oplus E_Y^a \oplus E_Y \oplus E_Z^a)^{(0 \oplus \rho' \oplus 0)} \ ,$$

and

$$T_{(y_\circ, p_X, p_Z^a)}(Y \times T^*(X \times Z)) \simeq (E_X \oplus \rho \oplus E_Z^a)^{(0 \oplus \rho' \oplus 0)} \ .$$

Abb. 2.6 Mathematischer Overkill

Ihre Zuhörer werden es mehr schätzen, wenn Sie dem KISS-Prinzip folgen:

Keep It Short and Simple („halte es kurz und einfach").

Sind perfekte Slides immer am angebrachtesten? In einer Mathematikvorlesung sind komplizierte und lange Ableitungen und Formeln besser zu verstehen, wenn sie Schritt für Schritt mit Kreide an der Tafel entwickelt werden, als wenn sie perfekt auf einmal an die Wand projiziert werden als *fait accompli*. Das erschlägt die Studenten.

2.2.10 Farbeinsatz

Ihre Slides sollten dem Auge angenehm sein und den Betrachter in natürlicher Art auf das Wesentliche lenken. Deshalb sollte Farbe unbedingt benutzt werden, aber sparsam und unterstützend und nicht als rein illustrierender Selbstzweck. Ein regenbogenartig präsentierter Text enthält nicht mehr Information als ein schwarzer Text. Zu viel Farbe lenkt eher ab, als dass sie hilft, sich zu konzentrieren. Die Farbe muss einem Zweck dienen und die Struktur der Überschriften, die Information oder Wesentliches hervorheben. Allerdings sollten ungewöhnliche Farbkombinationen wie roter Text auf grünem Hintergrund vermieden werden. Dies würde nicht allein das Auge und Gefühl der meisten Zuhörer herausfordern, sondern auch einige wenige Zuhörer diskriminieren. Denn ca. 10 % aller Männer (bei Frauen viel seltener zu verzeichnen) sind farbenblind.

Das Gleiche gilt für den Farbeinsatz in Bildern. Hierbei wird in vielen Vorträgen der Fehler begangen, zu schwache Farben einzusetzen, die kaum erkennbar sind. Am besten sollten intensive Farben wie Schwarz, Rot, Blau, Grün, Braun benutzt werden. Wenn Sie viele unterschiedliche Farben benutzen müssen, z. B. um irgendwelche Intensitätsverläufe zu illustrieren, vergessen Sie nicht eine erklärende Farblegende zu zeigen. Bei Abgrenzungen in schematischen Bildern ist der benachbarte Einsatz von Kontrastfarben zu empfehlen.

2.2.11 Informationen Schritt für Schritt offenlegen

Manche Vortragende haben die beim Publikum eher schlecht ankommende Gewohnheit, ihre Slides zu prall mit Text zu füllen. Besser ist es deshalb, den Informationsgehalt auf solche kleinere Einheiten zu beschränken, die man auf einmal zeigen kann.

Bei PowerPoint-Präsentationen ist die aktuelle Information in einem Slide enthaltenen, wodurch die Konzentration beim gerade Gezeigten bleibt. Dies ist auch besonders nützlich beim schrittweisen didaktischen Aufbau komplizierter Bilder. Doch der Vortragende könnte bei der zeilenweisen Präsentation ein Problem haben: Wissen Sie immer, was als Nächstes kommen wird? Dadurch kann ein solcher Vortrag weniger flüssig erscheinen als einer, bei dem mehr zusammenhängende Information in einem Slide gezeigt wird. Sind Sie selbst im Zweifel, dann sollten Sie besser komplette Slides mit nicht zu vielen Informationen zeigen.

2.2.12 Animationen

PowerPoint bietet abwechslungsreiche Möglichkeiten, den Text zu strukturieren, Bildübergänge zu wählen und bewegte Bilder zu zeigen. Der Text kann buchstaben- oder zeilenweise aufgebaut werden. Der Aufbau des nächsten Bildes kann schachbrettartig, von rechts oder links eingefahren, vom Zentrum her oder aus dem Nebel geschehen. In der gleichen Weise können Bilder und Diagramme behandelt werden. Wie bereits zum Farbeinsatz festgestellt wurde, sollte damit sehr sparsam umgegangen werden; es muss immer ein unterstützender Zweck im Vordergrund stehen. Wenn solche Animationen übertrieben werden, lenken sie eher die Aufmerksamkeit ab.

Beispielsweise musste einmal meine Tochter einen Seminarvortrag halten. Sie hatte ihn unter Ausschöpfung aller Möglichkeiten von Power-Point vorbereitet: Bilder farbig wie von Picasso, alle möglichen Arten der

Bildübergänge, zeilenweiser Textaufbau, wichtige Botschaften buchstabenweise gebracht mit einem Hammersound („und das möchte ich in Ihr Gehirn hämmern"). Da auch der Inhalt perfekt war, dachte sie, sie würde die Note 1 dafür bekommen. Doch der Kommentar ihres Professors war: „Dies war ein äußerst beeindruckender Vortrag. Doch ich kann Ihnen darauf keine Note geben. Denn meine gesamte Aufmerksamkeit war durch das Verfolgen Ihrer optischen Präsentation in Anspruch genommen worden, sodass ich mich gar nicht auf den Inhalt konzentrieren konnte".

Die Moral von dieser Geschichte ist: Man sollte nicht alle Möglichkeiten ausreizen. Sparsamer, didaktisch guter Farbeinsatz und nicht zu viele Animationen beim Übergang von Slide zu Slide unterstützen die Darbietung besser. Die Darstellungsweise muss den Inhalt unterstreichen und darf sich nicht verselbstständigen.

Animationen sollten nur sparsam eingesetzt werden, um den Inhalt zu unterstützen, ohne ein eigenständiges Unterhaltungselement zu werden. Manchmal wirkt es allerdings auflockernd, wenn ein Cartoon gezeigt wird. Im Internet kann man dazu ein reichhaltiges Angebot finden. Doch auch hier gilt, dass die aufgelockerte Darstellung die Botschaft in gewisser Weise zu unterstützen hat.

2.2.13 Checkliste

Bevor Sie von Ihrem Büro zur Konferenz aufbrechen, sollten Sie überprüfen, ob Sie alles Folgende dabei haben:

- Computer mit Daten und Programmen,
- alle notwendigen Verbindungskabel und Adapter,
- Memorystick mit dem Vortrag – für den Fall, dass der Computer streikt oder sich nicht mit dem Beamer verbinden lässt.

2.3   Üben vor dem großen Ereignis

Wenn Sie alles bisher Gesagte ernst genommen haben, müsste nun Ihr Vortrag perfekt vorbereitet sein. Der angemessene Informationsumfang wurde ausgewählt und die visuellen Hilfsmittel sind ansprechend präpariert. Doch dies ist nur der erste Schritt. Guter Inhalt und perfekte Optik sind allein noch keine Garantie für einen gelungenen Vortrag. Ebenso wichtig ist seine gute mündliche Darbietung. Wenn man noch nicht sehr erfahren im

Halten von Vorträgen ist, ist es nützlich, einige Tage Übung vor dem großen Ereignis einzuplanen. Einige wenige Menschen haben ein angeborenes Talent zum Präsentieren und keine Probleme, das Publikum zu fesseln und lebhafte und überzeugende Vorträge zu halten. Auf der anderen Seite gibt es auch viele Kollegen, inklusive erfahrener Professoren, die überhaupt kein Vortragstalent haben und nicht die geringsten Anstrengungen unternehmen, ihre Vortragsweise zu verbessern.

Achten Sie bei den Vorträgen, die Sie besuchen, nicht allein auf den Inhalt, sondern blicken Sie tiefer, ergründen Sie die Struktur des Vortrags und reflektieren den Darbietungsstil. Aus Negativbeispielen lernt man leicht. Schwieriger ist es, Schlussfolgerungen für die eigenen Vorträge aus exzellenten anderen Vorträgen zu ziehen. Meistens denkt man nicht darüber nach, warum ein Vortrag so ausgezeichnet war. Sie werden sehen, dass Sie ein besserer Vortragender werden, indem Sie ein aufmerksamerer Zuhörer werden. So können Sie vielleicht auch einen Schritt in der Richtung zur Spitze der Wissenschaft unternehmen.

Deshalb sollte jeder, der nicht davon überzeugt ist, einen guten Vortrag halten zu können, vor dem Auftritt üben. Ein solches „Trockentraining" empfehle ich zumindest für Ihre ersten Vorträge. Ein weiterer Vorteil hervorragender Vorbereitung und ausgiebigen Trainings ist, dass Sie beim Vortrag weniger nervös sein werden, da Sie wissen, dass Sie es können. Wenn Sie Ihre Slides gut vorbereitet haben, dann liegen zu allem, was Sie erzählen möchten, Stichpunkte vor. Sie brauchen dann keine Furcht zu haben, etwas Wichtiges in der Darstellung auszulassen. Es gibt natürlich auch noch die Möglichkeit, einen zusätzlichen Spickzettel in der Hand zu halten. Doch dies kann Sie in Ihrer Vortragskonzentration eher stören.

Hier einige weitere Tipps zum Abbau von Unruhe, die aus folgenden Gründen entsteht:

Haben Sie Angst, Wesentliches zu vergessen?
Um nicht nervös zu werden, sollten Sie sich bewusst machen, dass Sie der/die Einzige sind, der/die weiß, was Sie alles vorbereitet haben. Auch wenn Sie einiges Vorbereitete auslassen, wird das nicht sehr stören, wenn der Vortrag immer noch in sich geschlossen ist. Es ist besser, 50 % vom vorbereiteten Material wegzulassen und 100 % des Publikums zu erreichen, als alles vorzutragen und niemanden zu erreichen.

Beunruhigt es Sie, eventuell die Vortragszeit zu überschreiten?
Sie können die erwartete Vortragszeit leicht prüfen, indem Sie den Vortrag in der gleichen Weise wie bei der Konferenz für sich selbst halten. In diesem

Prozess kann der Inhalt dann entweder reduziert oder noch erweitert werden. Auch die zusätzliche Zeit für kurze Zwischenfragen und eventuell etwas langsameres Sprechen sollte einkalkuliert werden.

Wenn Sie während Ihres Vortrags die Gesichter der Teilnehmer beobachten, sehen Sie, ob Ihre Sprechgeschwindigkeit richtig ist, oder ob Sie etwas mehr Zeit zum Verdauen der vielen neuen Informationen lassen sollten.

Es kann immer unerwartete Verzögerungen geben. Deshalb ist es sehr empfehlenswert, mehr als eine Option zu haben, den Vortrag früher als ursprünglich geplant zu beenden. Bauen Sie Ihren Vortrag so auf, dass die Hauptinformation in den ersten 75 % enthalten ist. Zur Not müssen Sie die nächsten 25 % des geplanten Inhalts, die das Thema ergänzend behandeln, weglassen können. Oder haben Sie einfach gegen Ende zwei bis drei Slides, die Sie ohne wesentlichen Informationsverlust auslassen können. Allerdings stört es etwas bei einem Vortrag, wenn die Slides nur durchgeklickt werden. Bei einer solchen Vorbereitung hängt es dann nur von der Uhr ab, was alles dargeboten wird. Was Sie aber niemals weglassen sollten, sind die Schlussfolgerungen am Ende des Vortrags. Geben Sie dem Publikum eine eindringliche Botschaft zum Mitnehmen. Geraten Sie auch nicht unter Zeitdruck beim Darbieten dieser wesentlichsten Botschaft Ihres Vortrags.

Sind Sie besorgt, nicht die richtigen Worte zu finden?

Das kann wirklich zum Problem werden, wenn Sie unerfahren im Präsentieren sind oder den Vortrag in einer Fremdsprache halten müssen, in der Sie sich nicht ganz zu Hause fühlen. Eine Art des Krisenmanagements könnte sein, den Vortrag aufzuschreiben und auswendig zu lernen. Wenn Sie den Vortrag gut gelernt haben – und auch nicht unterbrochen werden –, dann werden Ihre Zuhörer nicht bemerken, dass Sie nur aus der Erinnerung und nicht frei vortragen. Doch für die Vorbereitung dieser Vortragsvariante braucht man viel Zeit, mindestens eine Woche Auswendiglernen und Üben. Doch eigentlich ist diese Art des Vortraghaltens nicht zu empfehlen. Ein gelernter Vortrag wird normalerweise nicht so überzeugend wie ein freier Vortrag gehalten. Auch kann einen eine unerwartete Unterbrechung oder Zwischenfrage den Faden völlig verlieren lassen. Je besser Ihr Vortrag vorbereitet ist und je öfter Sie Vorträge gehalten haben, umso sicherer werden Sie, die geeigneten Worte zu finden. Wenn Ihnen das gewünschte Fremdwort nicht einfällt, dann versuchen Sie einfach, den Sachverhalt mit anderen Worten zu umschreiben.

Doch niemals sollten Sie den Kardinalfehler ungeschickter wissenschaftlicher Vorträge machen: einen Vortrag vom Manuskript ablesen. Dies ist die schlimmste Art einen Vortrag zu halten. Ein wissenschaftlicher Vortrag muss immer ein freier Vortrag sein! Selbst ein freier Vortrag mit einigen verzeihlichen Fehlern ist besser als ein abgelesener Vortrag, bei dem die Nase des Vorlesers ständig in seinen Papieren vergraben ist, das Ganze möglichst monoton vorgetragen wird und keinerlei Blickkontakt mit den Zuhörern besteht.

Bei einem Staatschef, der durch ein einziges falsches Wort diplomatische Konflikte heraufbeschwören kann, ist das wörtliche Verlesen einer Rede notwendig. Wissenschaftler sind gegenüber nicht ganz korrekter Wortwahl glücklicherweise toleranter.

Sollten Sie sich zu sicher fühlen?
Wenn Sie denselben Vortrag wiederholt halten, dann sollten Sie nicht einem falschen Sicherheitsgefühl erliegen. Es ist immer nützlich, vor dem Vortrag noch einmal das Material anzuschauen und zu überlegen, was man eventuell und an welcher Stelle noch zusätzlich erzählen sollte. Derselbe Vortrag vor unterschiedlichem Publikum verlangt jeweils spezifische Einführungen, um das Interesse zu wecken. Auch sollte eventuell eine unterschiedliche Vortragszeit berücksichtigt werden.

Haben Sie Lampenfieber?
Machen Sie sich bewusst, dass niemand über Ihr Thema so gut Bescheid weiß wie Sie und Sie zum Kerninhalt Ihres Vortrags nicht in die Enge getrieben werden können. Gut ausgeschlafen zu sein, vor dem Vortrag einen entspannenden Spaziergang zu unternehmen und unmittelbar davor einig Male tief zur Entspannung durchzuatmen hilft, Nervosität abzubauen.

2.4   Einen Vortrag halten

Wenn Sie einen Vortrag halten, sollten Sie sich bewusst sein, dass Sie nicht nur Inhalte, sondern sich auch immer selbst präsentieren. Die meisten Vortragenden sind sich dieses wesentlichen Aspekts überhaupt nicht bewusst. Die Zuhörer werden sich nicht allein über Ihre Arbeit, sondern auch über Sie als Person, Ihre Fähigkeiten und Kompetenz, Ihren wissenschaftlichen Enthusiasmus und Ihre Vertrauenswürdigkeit ein Bild machen. Also treten Sie auch möglichst gut auf.

Die Teilnehmer werden Ihren Vortrag schätzen, wenn er inhaltsreich, informativ, klar, interessant und – speziell bei längeren Vorträgen – auch unterhaltsam ist. Ihr Publikum gibt Ihnen ein wertvolles Gut: seine Zeit. Die Vortragsteilnehmer tun dies in Erwartung der Kompensation durch interessante und nützliche Informationen. Sie sind außerdem bereit, von Ihrer Geschichte überzeugt zu werden. Doch bevor Sie andere überzeugen können, müssen Sie zuallererst selbst überzeugt sein. Sie müssen vor dem Vortrag sicher sein, dass Ihre Experimente, Rechnungen und Schlussfolgerungen korrekt sind. Wenn Sie etwas vorstellen, wovon Sie selbst überzeugt sind, dann erfolgt die Darlegung automatisch mit mehr Vertrauen, Ernst und Sicherheit.

Doch Ernsthaftigkeit allein ist nicht genug. In den folgenden Abschnitten werden weitere Schlüsselfaktoren erläutert, die zum erfolgreichen Darbieten eines Vortrags oder einer Vorlesung gehören. Diese Aspekte sollten Sie im Blick haben, wenn Sie Ihren Vortrag üben.

2.4.1 Sprechweise und Darbietungsstil

Freie Rede

Wie bereits oben besprochen, ist es eminent wichtig, dass Sie den Vortrag frei halten und nicht von einem Manuskript ablesen. Wenn Sie ablesen, dann haben Sie zwangsläufig durch den gebeugten Kopf keinen Blickkontakt mit dem Publikum. Genauso gut könnten Sie dann zur Wand sprechen. Ein abgelesener Vortrag wird normalerweise mit monotoner Stimme vorgetragen als die freie Rede, wodurch die Aufmerksamkeit des Publikums leidet. Wenn Sie die rechten Stichworte in Ihren Slides haben und wissen, was dazu zu berichten ist, dann besteht keine Notwendigkeit, einen Vortrag abzulesen.

Doch einen freien Vortrag im Hörsaal zu halten, ist nicht dasselbe wie jemandem im Privatgespräch etwas zu erzählen. Dafür ist viel mehr Aufmerksamkeit für Klarheit, Sprechgeschwindigkeit und Intonation erforderlich. Ihre Stimme sollte auch noch in den letzten Reihen zu verstehen sein. Deshalb müssen Sie laut genug, gut betont und klar sprechen. Wenn man in einem größeren Saal ohne Mikrofon vorträgt, sollte man zu Beginn nachfragen, ob man überall gut verstanden wird und gegebenenfalls danach lauter sprechen.

Rhythmus und Dramaturgie

Die Sprechgeschwindigkeit sollte geringer als in der normalen Konversation sein. Das langsamere Sprechen ist nötig einerseits zum Vermeiden von Schallüberlagerungen in größeren Sälen und andererseits, um dem Publikum genügend Zeit zu geben, schwierige und neue Informationen zu verstehen und aufzunehmen. Es besteht die Gefahr, dass Teilnehmer, die im

Verständnis abgehängt wurden, für den Rest des Vortrags verloren sind. Deshalb sind kurze Pausen am Ende bedeutender Feststellungen genauso wichtig wie langsames Sprechen. Dies sollte nicht nur als dramatischer Effekt geschehen, sondern vor allem, damit die vorangegangene Botschaft besser aufgenommen werden kann. Auch kann es hilfreich sein, eine wichtige Feststellung mit anderen Worten und unter einem etwas anderen Aspekt zu wiederholen (Abb. 2.7).

Denken Sie auch daran, Ihrer Stimme eine gewisse Modulation zu geben, d. h. die wichtigen Dinge entsprechend zu betonen. In diesem Zusammenhang ist es nützlich, sich die Gewohnheiten erfolgreicher Sprecher anzuschauen. Sie werden erkennen, dass diese mit einer wohl ausbalancierten Dynamik sprechen, die Sprechgeschwindigkeit variieren und die Intensität der Betonung geschickt einsetzen. Unterschätzen Sie nicht die Bedeutung dieser Aspekte dafür, wie Ihre Botschaft beim Zuhörer ankommt.

Als Wissenschaftler erhält man keine solche Ausbildung in Rhetorik und Dramaturgie wie ein Schauspieler, Pfarrer, römischer Senator oder Politiker. Dies spiegelt sich in den wissenschaftlichen Vorträgen wider. Allerdings sind Wissenschaftler, die fast alle unterentwickelte rhetorische und theatralische Fähigkeiten haben, sehr tolerant gegenüber nicht perfekten Vortragsstilen. Deshalb haben Sie überhaupt nichts zu befürchten, wenn Sie keine Glanznummer abziehen. Mit diesem Wissen im Hinterkopf und nach harten Vortragsübungen werden Sie bald die Sicherheit und das Selbstvertrauen gewinnen, das notwendig ist, um einen überzeugenden Vortrag zu halten.

Abb. 2.7 Überzeugend vortragen

Sprache und Betonung

Der wissenschaftliche Inhalt Ihres Vortrags sollte so einfach und klar beschrieben werden wie nur möglich, aber nicht zu simplifiziert. Der Versuch, das Publikum durch eine komplizierte und hoch fachspezifische Sprache zu beeindrucken (dies ist besonders unter Vertretern der Geisteswissenschaften verbreitet), ist oft zum Scheitern verurteilt und völlig ungeeignet, wichtige Ideen mitzuteilen. Wie es auch immer Einsteins Bestreben war, sollte man versuchen, das Komplizierte möglichst einfach und verständlich auszudrücken. Deshalb sollten Sie in einem wissenschaftlichen englischen Vortrag versuchen, nur eine Idee pro Satz zu vermitteln und möglichst nicht mehr als 15 bis 20 Worte pro Satz zu gebrauchen. Bedenken Sie, die Zuhörer können einen gesprochenen Satz nicht ein zweites Mal hören, so wie Sie einen unverstandenen Satz in einer Publikation wiederholt lesen können.

Dieser Aspekt, nur eine einzige Chance in einer Präsentation zu haben, könnte als Nachteil gegenüber einer Publikation betrachtet werden. Doch es gibt auch inhärente Vorteile. Das Hören und Anschauen eines Vortrags hat gegenüber dem Lesen einer Publikation einen Zusatzwert: Der Vortragende kann besser das Wesentliche herausarbeiten und dem Publikum die entscheidende Botschaft vermitteln. Auf diese Weise kann der Botschaft Leben eingehaucht werden. Doch dies kann nur erreicht werden, wenn der Vortragende die Betonung richtig setzt und die oben besprochenen Stilmittel ausschöpft. Machen Sie von diesen Möglichkeiten umfangreichen Gebrauch, und haben Sie keine Scheu, eine wichtige kurze Feststellung gelegentlich zu wiederholen, damit sie besser verinnerlicht wird. Sie sollten auch solche Kommentare wie „dies ist der wesentlichste Teil meines Vortrags" geben, um eindeutige Schwerpunkte zu setzen. Doch übertreiben Sie dies nicht. Wenn jedes Slide solch einen „wesentlichen Punkt" hat, dann besteht die Gefahr, dass am Ende alles gleichermaßen vergessen wird.

Wenn Sie in einer Fremdsprache vortragen, müssen Sie eventuell etwas an Ihrer Betonung arbeiten. Ein gutes Verständnis des schriftlichen Englisch ist keine Garantie für richtige Betonung. Wenn Sie im Zweifel sind, fragen Sie einen Muttersprachler oder Kollegen, der die Sprache besser als Sie spricht. Bei einer Konferenz, die ich besuchte, sagte ein französischer Wissenschaftler ständig „and we eat the samples". Erst nach einigen Wiederholungen zur Verwunderung des Publikums wurde klar: Er meinte *heat* und konnte nur kein „h" aussprechen. Die Siliziumproben wurden also nicht gegessen, sondern erhitzt.

Niemand wird einen Nichtmuttersprachler dafür kritisieren, dass sein Vokabular, der Satzbau und die Betonung nicht mit der Perfektion eines Muttersprachlers konkurrieren können. Das Hauptziel ist, den Inhalt klar auszudrücken. Deshalb versuchen Sie auch nicht unbedingt – zum Nutzen der nicht muttersprachlichen Teilnehmer – zu komplizierte und wenig gebrauchte Ausdrücke in Ihren Vortrag unterzubringen, nur um zu zeigen, welch vielschichtiges Ausländisch Sie sprechen. Bringen Sie kurze und leicht aufzunehmende Botschaften, drücken Sie dieselbe Idee nochmals mit anderen Worten aus, und Ihr Publikum wird den Inhalt besser verstehen.

Seien Sie sich bewusst: Die internationale Sprache der Wissenschaft ist gebrochenes Englisch. Bei einer großen internationalen Konferenz begann dementsprechend ein Professor aus Oxford, wo neben Cambridge das Standardenglisch gesprochen wird, seinen Vortrag mit den einleitenden Worten: „Meine Damen und Herren, ich entschuldige mich dafür, dass ich nicht in der Lage bin, meinen Vortrag in der internationalen Sprache der Wissenschaft zu halten – in gebrochenem Englisch."

Hätte er gar noch vom vollständigen Vokabular des Oxford-Wörterbuchs Gebrauch gemacht, wäre sein Vortrag für Nichtmuttersprachler viel schwerer zu verstehen gewesen als die Vorträge der Kollegen aus anderen Ländern, wo Englisch nicht die Muttersprache ist.

Zum Abschluss dieser Sprachdiskussion möchte ich noch auf eine verbreitete schlechte Gewohnheit hinweisen, die Muttersprachler und Nichtmuttersprachler gleichermaßen betrifft: die häufige Wiederholung inhaltsloser Formulierungen wie „wenn Sie sehen, was ich meine…", ein häufiges bekräftigendes „okay?" am Satzende, irgendwelche sinnlosen Wiederholungen, ein ständiges „äh". Ihre Sprache sollte Kommunikationsmittel und nicht lächerlich sein. Je fragwürdiger Ihre Sprechweise ist, umso mehr leidet die Informationsübertragung zum Publikum. Doch solche schlechten Sprechgewohnheiten sind meistens unbewusst und ungewollt. Zum Abstellen solcher Schwächen kann die Kritik von Kollegen und Freunden oder das Betrachten des eigenen Vortragsvideos hilfreich sein.

Die Vortragszeit einhalten
Obwohl Sie bereits gewisse Erfahrungen gesammelt haben, kann es passieren, dass Sie Zeitprobleme beim Vortrag bekommen (vielleicht mussten Sie bereits mit Zeitverzug beginnen, oder Sie wurden gebeten, Ihren Vortrag zu kürzen). In dieser Situation wäre es der größte Fehler, schneller zu sprechen, um doch noch alles in kürzerer Zeit darzubieten. Dann würde überhaupt nichts mehr verstanden; und Sie würden weniger anstatt mehr Information übermitteln. In diesem Fall ist es viel besser, in normalem Tempo weiter zu sprechen, aber einiges vorbereitete Material wegzulassen, am besten solche Punkte, die Sie bereits für solche Eventualitäten vorher im Geiste markiert hatten. Sie sollten, wie oben besprochen, mehr als eine Option parat haben,

Ihren Vortrag zu beenden. Lassen Sie ergänzendes Material weg – aber nie die Schlussfolgerungen. Diese sind wichtig dafür, dass sich die Leute auch später noch an Ihren Vortrag erinnern können.

2.4.2 Positive Rückkopplung zum Publikum

Sicher haben Sie auch schon die Erfahrung gemacht, dass Sie einen besseren Vortrag halten, wenn es Ihnen gelingt, ein positives Verhältnis zum Publikum herzustellen. Dann wird der Vortrag viel lockerer und spritziger gehalten. Wenn Sie eine positive Einstellung zu den Zuhörern haben, fällt es diesen auch umgekehrt leichter, ein solch positives Verhältnis zu Ihnen zu entwickeln.

Bestimmt haben Sie auch schon bei anderen Vorträgen beobachtet, dass ein Vortrag besser wurde, nachdem es dem Vortragenden gelang, eine positive Rückkopplung zu entwickeln. Doch wie es eine Eigenart psychologischer und emotionaler Verhältnisse ist, kann schwer definiert werden, was alles dazugehört, um eine derartige Einstellung zu entwickeln, und es ist schwierig, unfehlbare Instruktionen zum Erreichen einer positiven Atmosphäre aufzustellen.

Im Folgenden möchte ich Ihnen einige Empfehlungen geben, wie ein positives Kommunikationsklima hergestellt werden kann. Grundsätzlich sollten Sie Erfolg haben, wenn Sie diesen Richtlinien folgen und Ihr Publikum nicht aus Stein ist oder Ihnen aus anderen Gründen ablehnend gegenübersteht.

Aufmerksamkeit erzeugen
Die drei goldenen Regeln für den Publikumskontakt sind:

- Sieh Deine Zuschauer an.
- Sprich zu Deinen Zuhörern.
- Reagiere auf das Publikum.

Wenn Sie diese Regeln befolgen, können Sie die Aufmerksamkeit und das Interesse der Zuhörer erreichen und eine positive Atmosphäre herstellen. Extrem wichtig ist der direkte Blickkontakt. Sie sehen dabei auch, ob alles verstanden wird, oder ob die Augen der Teilnehmer glasig werden.

In diesem Zusammenhang ist es auch wichtig, vor großem Publikum beim Vortrag zu stehen und nicht zu sitzen. Sie werden dadurch von allen besser gesehen und sprechen auch besser und mit vollerer Stimme als im Sitzen.

Doch auch bei Vorträgen im Stehen wird der Blickkontakt nicht immer hergestellt. Manche Vortragende sind ständig über den Projektor gebeugt, andere sind damit beschäftigt vorzulesen, was an die Wand projiziert wird. Sie halten ihren Vortrag nicht zum Publikum, sondern zur Wand, und zeigen ihm nur den Rücken. Dies ist der typischste Vortragsfehler, der bei ca. 70 % aller Vorträge zu beobachten ist. Wenn Sie mit dem Laserpointer auf etwas in der Projektion zeigen, dann drehen Sie sich sofort wieder zum Publikum und sprechen zu ihm und nicht weiter zur Wand. In extremen Fällen haben die Vortragsteilnehmer das Gesicht des Referenten zum ersten Mal in der Diskussion gesehen. Deshalb ist zu empfehlen, beim Vortrag auf den vor einem stehenden Bildschirm und nicht auf die Projektion zu schauen. Dann wenden Sie immer dem Publikum das Gesicht zu.

Fehlender Blickkontakt kann auch als Unsicherheit oder Arroganz interpretiert werden. Und wenn Sie die Teilnehmer anschauen, wie in Abb. 2.8, dann sprechen Sie automatisch deutlicher und lauter, als wenn Sie nur etwas für sich selbst zur Wand erzählen.

Nehmen wir einmal an, Sie besuchen einen Vortrag, bei dem der Sprecher kaum jemals ins Publikum blickt. So werden Sie nicht allein das Gefühl haben, gar nicht angesprochen zu werden, sondern müssen sich auch viel mehr konzentrieren, um das Gesagte aufzunehmen. Das Resultat ist oft, dass Sie sich nicht mehr verpflichtet fühlen, dem Sprecher Ihre angestrengte Aufmerksamkeit zu schenken. Sie werden aus dem Fenster schauen, die Leute im Raum zählen, die Uhr und Ihre E-Mails prüfen.

Abb. 2.8 Überzeugender Publikumskontakt

Während man bei einem Konferenzvortrag versuchen sollte, alle Teilnehmer anzusprechen, ist bei der Verteidigung einer Promotion oder eines Projekts die Konzentration auf die Entscheidungsträger angeraten.

Beobachten Sie genau, wie die Zuhörer, die über Erfolg oder Misserfolg Ihres Projekts entscheiden, auf das von Ihnen Vorgetragene reagieren. Seien Sie eloquent genug, um Stirnrunzeln, Missverständnisse oder Ablehnung in Zustimmung zu verwandeln, indem Sie zusätzlich oder besser erläutern. Sprechen Sie die Entscheidungsträger direkt an und versuchen Sie, deren Verhalten zu erfassen und erfolgreich darauf zu reagieren.

Aufmerksamkeit behalten
Es gibt zwei Hauptgründe für das Schwinden von Aufmerksamkeit: Entweder das Publikum ist bereits vor Ihrem Vortrag schläfrig, weil der vorangegangene Vortrag so ermüdend war, die Sitzung zu lang und anstrengend ist; oder der Referent schläfert mit seinem langweiligen Vortragsstil die Zuhörer ein. Die kritischste Zeit ist nach dem Mittagessen, wenn die Verdauung die meiste Energie erfordert, oder am Morgen nach dem üppigen, bis nach Mitternacht ausufernden Konferenzdinner. Die Konzentrationsfähigkeit variiert mit dem Tagesgang, wobei der Tiefpunkt am frühen Nachmittag liegt.

Wenn es Ihnen also auf aufmerksame Zuhörer ankommt, versuchen Sie, Ihren Vortrag für den Vormittag oder späteren Nachmittag ins Programm zu bekommen. Wenn Sie aber zu viele kritische Fragen vermeiden wollen, vielleicht bei der Verteidigung einer schwachen Dissertation, dann wählen Sie die Zeit unmittelbar nach dem Mittagessen. Wenn die Kritiker schläfrig sind, stellen sie auch weniger Fragen. Meistens werden Sie jedoch kaum Einflussmöglichkeiten auf die Vortragszeit haben. Was sollten Sie unternehmen, wenn bei Ihrer Zuhörerschaft die Augenlider herunterfallen, sie schläfrig wirken und zu gähnen beginnt? Dann wecken Sie sie auf! Öffnen Sie die Fenster, dass wieder sauerstoffreiche Luft in den Raum kommt, erzählen Sie einen Scherz oder eine lustige Geschichte, erwähnen Sie interessante Nebenaspekte, bringen Sie eine persönliche Note in den Vortrag. Und nachdem die Leute wieder wach sind, sprechen Sie etwas betonter und in einer solchen Weise, dass die Aufmerksamkeit nicht wieder abdriftet.

Wenn Sie in der unglücklichen Situation sind, nach einem ermüdenden vorangegangenen Vortrag auf gelangweilte und schläfrige Teilnehmer zu treffen (Abb. 2.9), sollten Sie klarmachen, dass Ihr Vortrag viel mehr Leben hat und viel interessanter ist. Wählen Sie eine auf das Publikum ausgerichtete Einführung, die Interesse und eventuell Heiterkeit hervorruft. Betonen Sie ausdrucksvoll, sprechen Sie so, dass jeder alles verstehen kann, Ihnen gern zuhört und aus der Lethargie erwacht.

Abb. 2.9 Müde gewordener Vortragsteilnehmer © hoozone/Getty Images/iStock

Wenn Sie während Ihres Vortrags feststellen, dass einige Teilnehmer verständnislos dreinschauen, dann reagieren Sie unmittelbar: Wiederholen Sie die vielleicht zu schnelle Erklärung in etwas anderen, ausführlicheren, langsameren und lauteren Worten. Brechen Sie zu komplexe und zu schwer verständliche Aussagen in kleinere, besser verständliche Blöcke auf.

Bei Vorträgen und Vorlesungen kann eine gewisse Wechselwirkung mit dem Publikum sehr auflockernd, unterhaltsam und Interesse fördernd wirken. Abschn. 2.4.2 widmet sich diesen Aspekten für längere Präsentationen.

2.4.3 Aufmerksamkeit der Zuhörer behalten

Dialog mit den Zuhörern

Bei einem Seminar oder nicht zeitlich beschränkten Präsentationen ist die Dialogform mit den Zuhörern nützlich. Sie können bereits in Ihrer Einleitung dazu auffordern, den Vortrag mit Fragen zu unterbrechen, damit diese nicht bis zum Ende zurückgehalten werden müssen und dadurch das voranschreitende Verständnis durch nicht verstandene Zwischenschritte erschwert wird. Zeitige Fragen können zur Eröffnung einer direkten Interaktion zwischen Vortragendem und Teilnehmern führen. Wenn die Teilnehmer die Möglichkeit haben, direkt zur Diskussion beizutragen, werden sie sich stärker einbezogen und motiviert sehen und Ihnen aufmerksamer folgen, als wenn sie sich nur als distanzierte Konsumenten von Information sehen. Dann empfinden die Teilnehmer, dass Ihnen nicht nur etwas vorgesetzt wird, sondern sie direkt in die Ideenentwicklung einbezogen sind, was Aktivitäten weckt.

Jeglicher Zeitdruck – entweder Verabredungen, auslaufende Raumbuchung oder anderes – schränkt den Freiraum ungezwungener Diskussionen ein. Allerdings sollte man bei langen Diskussionsveranstaltungen auch berücksichtigen, dass sie nicht ins Unermessliche ausufern, und sich vorher über einen gewissen Zeitrahmen verständigen. Die unermüdlichsten Teilnehmer können danach die Diskussion immer noch an der Kaffeemaschine oder in der nächsten Bar fortsetzen.

Das Einstreuen einiger Anekdoten, von Scherzen und humoristischen Bildern in ansonsten sehr ernsthaftes Material hilft auch, das Publikum interessiert und aufmerksam zu halten. Es kommt auch immer gut an, wenn persönliche Aspekte in einen Vortrag aufgenommen werden. Dadurch wird Interesse geweckt und das Publikum kann vieles besser nachvollziehen. Erzählen Sie z. B. über die Geschichte einer zufälligen großen Entdeckung, wie es zu Ihren Forschungen kam, Auseinandersetzungen zwischen wissenschaftlichen Konkurrenten, Kontroversen bei der Interpretation der Ergebnisse, die Involvierung bekannter Geistesgrößen, den Kampf um die Annahme des bahnbrechenden Artikels über die vorgestellten Arbeiten in einer Zeitschrift. Eine zusätzliche persönliche Beziehung zum wissenschaftlichen Gegenstand, die jeder nachvollziehen kann, wirkt immer interessesteigernd.

Dazu möchte ich Ihnen eine Geschichte erzählen: Vor einigen Jahren wurde ich zu einem Vortrag über ein neu entwickeltes Verfahren in der Halbleitertechnologie an die University of Missouri eingeladen. Als ich vor dem Vortrag mit einer Reihe von Professoren gesprochen hatte, sah ich, dass nur eine Minderheit der späteren Kolloquiumsteilnehmer zu diesem Thema einen Bezug hatte. Um nicht einen Spezialvortrag vor Nichtspezialisten zu halten, entschloss ich mich im letzten Augenblick, unter derselben Überschrift einen anderen Vortrag zu halten, nämlich über den Patent- und Lizenzkampf zweier großer Firmen, den ich anhand der Dokumentation meiner Publikationen entschied, wodurch neun der ursprünglich zehn Patentansprüche vom Gericht aufgehoben wurden. Als Illustration und Beleg für das Gesagte verwendete ich das ursprünglich vorbereitete wissenschaftliche Material. Auf diese Weise nahmen die Teilnehmer selbst wissenschaftliche Information außerhalb ihres unmittelbaren Arbeitsspektrums interessiert auf, weil der damit verbundene Rechtsstreit so packend war. Doch dieses Vorgehen ist nicht als generelle Linie zu empfehlen. Wenn ich mich vorher über das Forschungsspektrum des Instituts kundig gemacht hätte, wäre der Vortrag interessenspezifischer vorbereitet worden.

Nicht jeder gibt beim Erzählen von Scherzen und Geschichten eine gute Figur ab. Deshalb versuchen Sie nicht, solche Einlagen krampfhaft in Ihren Vortrag zu bringen. Ein schlecht erzählter oder missverstandener Scherz ist schlechter als gar keiner. In dem Maße, wie Sie im Halten von Vorträgen erfahrener werden, entwickelt sich bei Ihnen die Leichtigkeit und das Gefühl dafür, angemessene humoristische Aspekte aufzunehmen. Anfangs müssen Sie sich vielleicht noch eine Notiz machen, wo welcher Scherz zu platzieren ist. Doch später kommt es von allein.

Wenn Sie gezwungen sind, zu einem eher langweiligen Thema zu sprechen, sagen wir die zehnjährige Institutsgeschichte bei einem Jahrestag, dann kann die Aufnahme von interessanten Randinformationen den Vortrag zum Erfolg machen. Dies erlebte ich einmal bei einem solchen MPI-Festkolloquium. Der Direktor stellte die Entwicklung der Publikationsaktivitäten, Zitierungsraten und internationale Zusammensetzung des Mitarbeiterstabs sehr eindrucksvoll dar. Auf diese Weise kann ein erfahrener Vortragender selbst ein scheinbar wenig ansprechendes Thema unterhaltsam vorstellen.

2.4.4 Halten von Vorlesungen

Abschließend möchte ich noch einen Hinweis zum Halten von Vorlesungen abgeben. Bei Vorlesungen ist es essenziell, dass die Studenten verstehen und aufnehmen, was Sie sagen.

Es ist empfehlenswert, gegen Ende eines Teilthemas durch einige Testfragen zu prüfen, ob das gewünschte Verständnis erreicht wurde. Falls Sie diese Methode nicht wählen, fassen Sie das Wesentliche nochmals übersichtlich und in verständlicher Form zusammen.

Auch die Diskussion des gerade vermittelten Wissens an Beispielfällen ist nützlich. Bevor zum nächsten Thema übergegangen wird, sollten die Studenten gefragt werden, ob sie zu dem Dargelegten noch Fragen haben, um eventuelle Missverständnisse zu klären. Auf diese Weise kann erreicht werden, dass die Studenten mit einem gewissen Grundverständnis aus der Vorlesung herausgehen und nicht nur die Themen vorgegeben bekommen, die sie in Lehrbüchern zum Verstehen nachlesen müssen, wie es leider bei zu vielen Vorlesungen immer wieder geschieht.

2.4.5 Körpersprache

Bedeutung der Körpersprache
In den vorangegangenen Abschnitten haben wir zwei der drei Kommunikationskanäle besprochen: die visuelle Kommunikation durch die über Ihre Slides übermittelte Information, inklusive der anderen visuellen Hilfsmittel, und die verbale Kommunikation beim Sprechen zum Publikum.

Zusätzlich gibt es einen dritten wesentlichen Kommunikationskanal, nämlich die nichtverbale Kommunikation, die landläufig Körpersprache genannt wird. Das Chambers-Wörterbuch definiert Körpersprache als „Kommunikation von Informationen über bewusste oder unbewusste Gesten, Haltung, Gesichtsausdruck usw."

In diesem Abschnitt möchte ich die Aspekte der Körpersprache besprechen, die den vom Vortragenden erzeugten Eindruck wesentlich beeinflussen.

Die meisten Vortragenden, speziell Wissenschaftler, werden zu Recht sagen, dass der Vortragsinhalt viel wichtiger als der psychologische Effekt der Körpersprache ist. Doch es gibt einige überraschende Analysen hierzu, die besagen, dass dem nicht immer so ist. Nach der Debatte zwischen Al Gore und George W. Bush vor der amerikanischen Präsidentenwahl im Jahr 2000 fragten Psychologen die Zuschauer, wodurch ihr Eindruck am stärksten geprägt wurde (Abb. 2.10).

Das bemerkenswerte Ergebnis dieser Umfrage war:

- zu 55 % durch die Körpersprache,
- zu 38 % durch die Stimme,
- und nur zu 7 % durch den Inhalt.

Diese Prozentsätze treffen sicherlich nicht auf wissenschaftliche Präsentationen zu.

Es gibt einen wesentlichen Unterschied zwischen politischen Reden und wissenschaftlichen Vorträgen: Im Unterschied zu wissenschaftlichen Vorträgen, bei denen alles bewiesen werden muss, enthalten politische Reden im Allgemeinen viele unbewiesene und vom Adressaten schwer nachvollziehbare Feststellungen, was z. B. Präsident Donald Trump hervorragend

Abbildung 2.10: Dieses Foto kann aufgrund von lizenzrechtlichen Bestimmungen nicht angezeigt werden.

Abb. 2.10 Debatte von George W. Bush und Al Gore vor den Präsidentschaftswahlen der USA © JEFF MITCHELL/REUTERS/picture alliance

ausnutzte, um unkritische Wähler von sich zu überzeugen. Es wird einfach gefordert, dass das Gesagte geglaubt wird. Hierbei wird das Empfinden von Vertrauenswürdigkeit und Kompetenz des Politikers stark durch den Ausdruck der Körpersprache beeinflusst.

Doch dieses Ergebnis sollte Ihnen ein Warnsignal dafür sein, die Aspekte der nonverbalen Kommunikation, ob bewusst eingesetzt oder unbewusst gezeigt, nicht zu unterschätzen. Der Eindruck, den Sie vermitteln, und wie Ihr Vortrag beim Publikum ankommt, wird immer auch durch Ihre Körpersprache beeinflusst. Versuchen Sie Ihr Verhalten, Ihre Erscheinung und Ihren Auftritt auch durch vorheriges Üben bewusst unter Kontrolle zu bringen, um einen möglichst guten Eindruck zu erzeugen.

Die verbreitetsten Fehler beim bewussten oder unbewussten Einsatz der Körpersprache werden im Folgenden besprochen.

Typische Fehler
Eine Reihe der typischen Fehler können Sie leicht vermeiden, wenn Sie sich dieser bewusst geworden sind:

* zur Wand sprechen (Fehler bei zwei Drittel aller Vorträge, Abb. 2.11),
* die Sicht mit dem eigenen Körper verbauen oder
* die Projektion durch den eigenen Schatten stören,
* unangemessen gekleidet sein.

Abb. 2.11 Zur Wand sprechen und die Sicht blockieren

Schwieriger in den Griff zu bekommen ist eine Reihe unfreiwilliger schlechter Gewohnheiten:

- unangemessener Gesichtsausdruck,
- nervöse Gesten oder Bewegungen.

Behandeln wir diese Probleme im Einzelnen.

Zur Wand sprechen Bei Konferenzen wird ein Großteil der Präsentationen nicht zum Publikum, sondern zur Wand gehalten. Der Sprecher ist so in die an die Wand projizierte Information vertieft, dass er ausschließlich zur Wand spricht. Es ist unhöflich, dem Publikum nur den Rücken zu zeigen, was wie das Zeigen der kalten Schulter empfunden werden kann. Der Sprecher ist schlechter zu verstehen, wenn er nicht gerade ein Mikrofon benutzt.

Doch das Mikrofon ist nur eine Teilkompensation. Man sollte die Bedeutung des Lesens von den Lippen zur Unterstützung des Erfassens des gesprochenen Wortes nicht unterschätzen. Auch Menschen, die gut hören, haben eine bessere Wahrnehmung des Gesagten, wenn das Gesicht des Sprechers gesehen wird. Deshalb sollten Sie das Publikum so oft wie nur möglich anschauen und den Text besser von dem vor Ihnen stehenden Computerbildschirm oder Projektor ablesen, weil Sie dann zwangsläufig Ihr Gesicht dem Publikum zeigen. Wenn Sie sich zum Zeigen der Wand zuwenden müssen, sprechen Sie trotzdem noch zumindest halb zum Publikum, und das nur kurzzeitig, bevor Sie sich wieder vollständig zu den Zuhörern drehen.

Die Sicht stören Vermeiden Sie auch die Sicht zu blockieren, entweder durch Abschatten der Projektion, wenn Sie zwischen Projektor und Projektionswand stehen (das passiert, wenn die Projektion zu niedrig ist), oder durch Blockieren der Sicht für einen Teil der Teilnehmer. Dies sind typische Fehler von unerfahrenen Vortragenden, die dann gebeten werden, die Position zu ändern. Sobald Sie sich durch den Projektor geblendet fühlen, stehen Sie am falschen Fleck.

Doch Sie sollten mit Ihrem Computer nicht zu weit von der Projektion entfernt stehen, da sonst die Zuschauer ständig die Blickrichtung zwischen Bildern und Sprecher wechseln müssen.

Kleidung Wie sollten Sie für Ihre Präsentation gekleidet sein? Obwohl Wissenschaftler Kleidungsfragen weniger Bedeutung beimessen, sollten Sie versuchen, weder zu leger noch zu offiziell gekleidet zu sein. Jeans und T-Shirt sind für das Labor gut. In einem Plenarvortrag bei einer großen internationalen Konferenz sind sie jedoch unangebracht. Hier sind Jackett bzw. Rock und Bluse passender. Wenn Sie jedoch so bei einem Vortrag in einer Firma im Silicon Valley auftreten würden, wirkten Sie wie jemand, der vom Mars kommt. Falls Sie unsicher sind, welche Umgebung Sie erwartet, wählen Sie als Kompromiss den Mittelweg, ordentliche Hose und seriöses Hemd oder Pullover. Auch wenn ich nicht wie die nörgelnde Mutter klingen möchte: Vergessen Sie nicht, vor dem Auftritt die Haare zu kämmen, falls da bei Ihnen noch etwas zu machen ist.

Es ist einfach, eine Krawatte gegen eine passendere einzutauschen. Doch es ist viel schwieriger, einige nervöse Angewohnheiten abzulegen. Beispielsweise kann man Stottern nicht so ohne Weiteres überwinden und nur durch langwieriges Training in den Griff bekommen. Doch eine Reihe anderer negativer oder nervöser Gewohnheiten können mit Geduld und der Hilfe von Freunden/Kollegen oder dem selbstkritischen Betrachten des eigenen Videos abgestellt werden. Diese Angewohnheiten sind:

Unangemessener Gesichtsausdruck Vermeiden Sie einen Gesichtsausdruck, der Arroganz oder Unsicherheit anzeigt. Doch besser als sich auf das Vermeiden zu konzentrieren ist es, bewusst warm und verbindlich zu lächeln, wovon positive Signale an das Publikum ausgehen. Wenn Sie lächeln, fühlen Sie sich auch selbst stärker im Einklang mit sich und der Welt.

Nervöse Bewegungen von Händen und Augen Dadurch machen Sie auch die Vortragsteilnehmer nervös. Wenn es Ihnen gelingt, sich ruhig zu verhalten, dann werden Sie sich auch ruhiger und weniger nervös fühlen. Scannen Sie nicht ständig die Reihen der Zuhörer mit unruhigem Blick. Halten Sie Ihren Vortrag ruhig im Wesentlichen in eine bestimmte Richtung, als ob Sie nur zu ausgewählten Gruppen des Publikums sprechen.

Nervöses Hin- und Herlaufen Beim Vortrag sollte man sich langsam und gelöst bewegen und nicht ständig in Grundstellung wie der Posten vor dem Buckingham-Palast verharren. Doch rasches und nervöses Umherlaufen und Herumspringen sollten tunlichst vermieden werden. Achten Sie darauf, wo Sie stehen, dass Sie nicht über Stromkabel und Stufen stolpern oder plötzlich aus dem Scheinwerferlicht ins Dunkle treten.

Sind Sie unsicher, wie Sie stehen sollten, dann gibt es für den Vortragsanfang einen einfachen Tipp: Stellen Sie sich unauffällig auf die Zehenspitzen und lassen Sie sich herunterfallen. Das wird nicht auffallen, doch Sie stehen zumindest bei Vortragsbeginn in der geeigneten Position.

Zu starkes Gestikulieren Beim Einsatz der Gestik gibt es nationale Besonderheiten. Während Asiaten und speziell Japaner kaum die Hände zum Unterstreichen des Gesagten einsetzen, kann man das in manchem italienischen Vortrag bis zum Exzess erleben. Im nördlichen Europa sind die Gewohnheiten etwas moderater.

Vermeiden Sie aber den schulmeisterlich erhobenen Zeigefinger oder vor der Brust verschränkte Arme. Letzteres vermittelt den Eindruck von Unsicherheit. Wenn Sie möchten, dass sich die Zuhörer auf den Vortragsinhalt und nicht auf kurioses Auftreten des Referenten konzentrieren, dann machen Sie nicht Ihre Gestik zur Hauptunterhaltungsquelle.

Lässiges Auftreten Die Hand in der Hosentasche zu haben, kann für Sie entspannt wirken. In Großbritannien wird sich daran niemand stören. In Kontinentaleuropa und den USA aber werden Sie dafür kritisiert werden. Speziell wenn Sie eine Dissertation oder einen Projektantrag zu verteidigen haben, dann zeigen Sie Ihren Respekt gegenüber den Zuhörern und älteren Kollegen auch durch das Unterlassen solcher Angewohnheiten. Angemessenes Benehmen wird geschätzt.

Schniefen, Kopfkratzen, Nägelkauen, Nasebohren usw All diese unangenehmen Verhaltensweisen werden einen schlechten Eindruck von Ihnen vermitteln. Um sicherzugehen, nicht unbewusst irgendwelche störenden Eigenarten zu haben, fragen Sie Ihre Freunde.

2.4.6 Entspannt sein

Lampenfieber gehört bei einem öffentlichen Auftritt dazu, wie die meisten Schauspieler berichten. Ein etwas höherer Adrenalinpegel lässt Sie geistesgegenwärtiger und entschlussfreudiger auftreten. Doch zu große Nervosität stört eher. Das Geheimnis des richtigen Agierens beim Vortrag und in der Diskussion hängt auch vom richtigen Adrenalinniveau ab. Dazu sagte Vincent Di Salvo, Professor an der Universität Nebraska: „Es sollte nicht Ihr Ziel sein, die Schmetterlinge in Ihrem Magen loszuwerden, sondern diese zu überzeugen, in Formation zu fliegen".

Übermäßige Nervosität ist oft ein Problem von Neulingen beim Präsentieren. Wenn Sie relativ entspannt an Ihren Vortrag herangehen, dann werden Sie nicht allein einen sichereren Eindruck geben, sondern auch ruhiger sein und klarer während Ihrer Präsentation denken können (Abb. 2.12). Nervosität führt zu schnellem Sprechen, weniger betontem Ausdruck und Vergessen wichtiger Teile der Präsentation.

Abb. 2.12 Überzeugendes Auftreten der Referentin

In der vorangegangenen Diskussion der Körpersprache (Abschn. 2.4.4) habe ich bereits implizit darauf hingewiesen, dass es eine direkte Verbindung gibt zwischen sich nervös Fühlen und nervösem Auftreten, wobei sich diese beiden Seiten wechselseitig hochschaukeln.

Doch eine derartige Rückkopplung gilt genauso für sich entspannt Fühlen und entspanntes Auftreten. Mit ein wenig Übung können Sie diese positive Rückkopplung zu Ihrem Nutzen einzusetzen lernen. Wenn es Ihnen gelingt, Ihr Verhalten zu kontrollieren (Gesichtsausdruck, Bewegungen, gelöste Körperhaltung), sodass Sie entspannt erscheinen, dann hilft Ihnen das, sich auch entspannt zu fühlen.

Eine gute Vorbereitung des Vortrags hilft sehr, Nervosität gar nicht erst aufkommen zu lassen. Wenn Sie jedoch den Vortrag erst in der letzten Minute bis weit in die Nacht hinein vorbereiten, dann wird sich diese Übermüdung negativ auswirken und jedem sichtbar werden. Denken Sie an die ausgeruht wirkenden Politiker bei ihren Auftritten, die auch durch entspanntes Auftreten überzeugend wirken möchten. Genügend Schlaf ist eine Voraussetzung für einen gelösten und geistesgegenwärtigen Auftritt bei Vortrag und Diskussion.

Atmungstechniken können Ihnen helfen, Entspannung zu erreichen und nervöse Angewohnheiten abzulegen. Nicht nur Yogalehrer, sondern auch Sportler und Sänger profitieren von der Anwendung geeigneter Atemtechniken. Auch Mediziner haben erkannt, dass das richtige Atmen das Wohlbefinden unterstützt. Atemtechniken spielen seit Jahrhunderten eine Rolle bei spirituellen, religiösen und anderen Formen der Meditation und verschiedenen

Religionen, z. B. bei Yoga und transzendenter Meditation. All diese Techniken erzeugen einen entspannenden (und vielleicht sogar transzendierenden) Effekt durch eine regelmäßige, kontrollierte und tiefe Atmung.

Indem Sie einige einfache Atemtechniken anwenden, lernen Sie, sich besser und tiefer zu entspannen, besonders auch in solchen Stresssituationen wie beim Halten eines Vortrags, Angst zu überwinden, besser zu schlafen, von Beruhigungsmitteln loszukommen und insgesamt einen Gewinn an Lebenskraft zu erzielen.

Was ist richtiges Atmen? Richtiges Atmen ist natürliches Atmen wie z. B. bei Babys. Es ist im Wesentlichen Bauchatmung. Ein solches Atmen ist relativ langsam, besonders wenn es mit der Atmung im mittleren und oberen Lungenbereich kombiniert wird, und hat einen gewissen Beruhigungseffekt, da es eine Wirkung auf das Sonnengeflecht des Nervensystems im Bauchraum ausübt. Es wirkt außerdem stimulierend auf die inneren Organe und sorgt für eine gute Durchblutung. Durch den Einsatz der Bauchatmung wird Ihre Stimme voller und klingt etwas tiefer und angenehmer. Dagegen wird bei Nervosität nur mit dem oberen Teil der Lungen geatmet, wodurch die Stimme automatisch höher und dünner klingt. Ist Ihnen schon einmal aufgefallen, dass nervöse Menschen eher mit hoher und dünner Fistelstimme sprechen?

Wenn Sie diese Atemtechnik regelmäßig üben, werden Sie auch bei anderen Gelegenheiten mit vollerer Stimme sprechen. In angespannten Situationen hilft Ihnen das wiederholte Praktizieren dieser Technik, entspannt und konzentriert zu werden. Diese Techniken unterstützen außerdem einen entspannten und gesunden Zustand von Geist und Körper. Zu Atem-, Beruhigungs- und Yogatechniken gibt es eine reiche Auswahl an weiterführender Literatur [39, 40].

2.4.7 Auf die Bilder zeigen

Kommen wir zum Vortragssaal zurück und betrachten wir die verschiedenen Möglichkeiten, wie Sie auf Ihr an die Wand projiziertes Material zeigen können. Es fördert die Aufmerksamkeit der Zuhörer, wenn Sie auf die gerade besprochenen Bilder oder den diskutierten Text zeigen.

Es gibt zwei Methoden, auf die projizierten Bilder zu zeigen: Laserpointer und Zeigestock.

Viele Vortragende benutzen einen längeren Stock, um direkt auf die Projektionswand zu zeigen. Dies ist ein natürlicher Weg, der zugleich etwas Bewegung in den Vortrag bringt. Manche Kollegen sind der Meinung, dass einen Zeigestock in der Hand zu halten, den Eindruck vermittelt, zugleich den Vortrag und das Publikum unter Kontrolle zu haben. Doch beim Einsatz eines Zeigestocks sollte man sich immer bewusst sein, wo man steht. Ein Rechtshänder sollte von der rechten Seite der Projektion zeigen (Abb. 2.13). Stehen Sie links davon, benutzen Sie besser die linke Hand. Denn wenn Sie sich beim Zeigen öffnen, ist es psychologisch besser als sich zu schließen. Nach jedem Zeigen sollten Sie das Gesicht wieder dem Publikum zuwenden.

Wenn nichts zu zeigen ist, schauen Sie beim Vortrag besser auf den Computer und nicht auf die Projektion, damit Sie dem Publikum direkt gegenüberstehen. Wenn Sie entfernt vom Computer stehend etwas zum Inhalt des projizierten Bildes oder Textes sagen, sollten Sie mit dem Inhalt so vertraut sein, dass Sie nicht ständig zum Ablesen auf die Projektion schauen müssen. Falls die Position zum Zeigen vom Computer recht weit entfernt ist und Sie nicht ständig hin und her laufen möchten, können Sie auch von Ihrem Platz aus mit dem Schatten des Zeigestocks auf das gerade Besprochene zeigen. Bei dieser Technik brauchen Sie aber einen starken und ruhigen Arm, da Sie keinen verwackelten Schatten zeigen und den Stock nicht auf der Wand ruhen lassen sollten.

Alternativ kann ein Laserpointer benutzt werden. Damit können Sie gut auf die Details verweisen und müssen sich dabei nicht von Ihrer Position wegbewegen. Doch falls Sie sehr nervös sind, fällt es schwer, den Strahl ruhig auf der gewünschten Stelle zu halten. In diesem Fall ist eine Kreisbewegung um das Hervorzuhebende besser als das unruhige Fixieren auf einen

Abb. 2.13 **Links** falsches und **rechts** richtiges Zeigen mit dem Stock

Punkt. Doch es sollte nicht ständig umhergekreist werden. Es kam auch vor, dass ein Sprecher vergaß, den Laserpointer wieder auszuschalten und beim gestikulierenden Sprechen das Publikum blendete.

2.4.8 Zeitdisziplin

Besonders bei Konferenzen und anderen Veranstaltungen mit einem fixierten Zeitplan ist es wichtig, dass die Vorträge innerhalb der im Programm ausgewiesenen Zeit gehalten werden. Wenn Ihr Vortrag gut geplant und vorbereitet ist, kann er auch problemlos innerhalb der vorgegebenen Zeit gehalten werden. Falls einige Vortragende den Zeitrahmen überschreiten, bleibt keine Diskussionszeit. Eventuell beginnen die danach folgenden Vorträge verspätet, und das Programm wird gestört. Deshalb erreichen Kollegen, die zwischen Parallelsitzungen auswählen, die gewünschten Vorträge nicht zur rechten Zeit, da sie verspätet beginnen, wodurch wiederum andere Vorträge verpasst werden, die Pausen müssen verkürzt werden, oder das Ende der Veranstaltung dehnt sich bis in den Abend hinein aus. Die Zeitdisziplin ist besonders bei Konferenzen mit mehreren Parallelsitzungen wichtig, damit auch die gewünschten anderen Vorträge erreicht werden können. Sie sammeln durch Zeitüberschreitung keine Pluspunkte bei den anderen Konferenzteilnehmern.

Deshalb müssen Sie in der Planungs- und Materialauswahlphase bereits sehr darauf achten, ob Sie einen 15- oder 30-minütigen Vortrag vorbereiten. Die vorherige Übung gibt Ihnen ein Gefühl für die benötigte Zeit. Passen Sie Ihren Vortrag an die erlaubte Redezeit an. Wenn Sie während des Vortrags unsicher sind, wie viel Redezeit Sie noch haben, fragen Sie den Sitzungsleiter. Sind Sie gegenüber Ihrem Zeitplan in Verzug, dann sollten Sie nicht hektisch werden und schneller sprechen, sondern besser Vortragsteile weglassen, wie vorher besprochen. Halten Sie immer die Alternative eines verkürzten Vortrags parat. Dies bedeutet, weniger bedeutende Ergebnisse oder Diskussionen auszulassen. Es ist zu empfehlen, den Vortrag so zu planen, dass in den ersten ca. 75 % der geplanten Vortragszeit alles Wesentliche vorgestellt wird und danach zusätzliche Erläuterungen folgen. Auch nach ca. 90 % der Vortragszeit sollte die Option der Auslassung der restlichen vorbereiteten 10 % eingeplant werden. Doch die Zeit zum prononcierten Vortragen der Schlussfolgerungen, der Hauptbotschaft Ihres Vortrags, an die sich die Teilnehmer erinnern sollen, muss immer bleiben.

Verbrauchen Sie nicht die Diskussionszeit mit dem Vortrag. Denn die Diskussion kann auch für Sie wesentliche neue Anregungen erbringen, weil die Teilnehmer sich dabei mit Ihren neuen Ergebnissen konstruktiv auseinandersetzen.

Tab. 2.1 Checkliste zur Bewertung eines Vortrags

(schlecht)	5	4	3	2	1	(perfekt)
Inhalt	£	£	£	£	£	
Struktur/Organisation						
Inhaltliche Verständlichkeit	£	£	£	£	£	
Flüssiger Ablauf	£	£	£	£	£	
Informationsgehalt	£	£	£	£	£	
Botschaft	£	£	£	£	£	
(schlecht)	5	4	3	2	1	(perfekt)
Folien	£	£	£	£	£	
Lesbarkeit						
Informationsgehalt	£	£	£	£	£	
Schriftgröße	£	£	£	£	£	
Farbeinsatz	£	£	£	£	£	
Animationen	£	£	£	£	£	
Halten des Vortrags	£	£	£	£	£	
Gesamteindruck						
Geschwindigkeit	£	£	£	£	£	
Verständlichkeit	£	£	£	£	£	
Intonation	£	£	£	£	£	
Betonung	£	£	£	£	£	
Körpersprache	£	£	£	£	£	
Englischqualität	£	£	£	£	£	
Andere Kommentare	£	£	£	£	£	

2.4.9 Evaluierung

Bei manchen Konferenzen werden die Teilnehmer aufgefordert, eine Checkliste zu den Vorträgen auszufüllen. Sie können auch selbst eine solche Liste anfertigen und einige Kollegen um Verbesserungsvorschläge bitten (Tab. 2.1). Wenn Ihr Vortrag dann gar noch mit Video aufgezeichnet wurde, können Sie die Listen konkret auswerten und gewisse Selbstkritik üben.

2.5 Die Diskussion überstehen

Der Gesamteindruck Ihres Vortrags und das Bild, das sich die Zuhörer von Ihnen machen, kann durch die Diskussion stark beeinflusst werden. Sie können Ihre Präsentation noch so gut vorbereitet und kompetent vorgetragen haben und können doch noch alles in der nachfolgenden Diskussion ruinieren, wenn Sie dabei nicht gut reagieren und einen inkompetenten oder wenig informierten Eindruck vermitteln. Besonders bei einer Verteidigung entscheidet die Diskussion über die Note.

2.5.1 Fragenbeantwortung

Vermeiden Sie Angriffspunkte

Entfernen Sie alles aus Ihrem Vortrag, was zweifelhaft ist oder Angriffspunkte bieten könnte. Konzentrieren Sie sich auf das Informative und Positive und vermeiden Sie das Negative.

Seien Sie vorbereitet

Wenn Sie genau darüber nachdenken, werden Sie sehen, dass Sie einiges tun können, um in der Diskussion einen guten Eindruck zu hinterlassen. Zuallererst müssen Sie natürlich bestens mit dem vorzustellenden Material und dem Stand des Wissens auf Ihrem Gebiet vertraut sein. Überprüfen Sie nochmals, ob Sie wirklich alle logischen Schritte Ihrer Erklärungen und eventuelle Ableitungen völlig verstanden haben. Bewegen Sie sich nur auf sicherem Terrain, d. h., entfernen Sie alles Zweifelhafte aus Ihrem Vortrag und versuchen Sie nicht, etwas zu erklären, das Sie nicht voll verstanden haben. Gibt es einige Schwachstellen, die Angriffspunkte liefern? Dann überlegen Sie, ob Sie sich wirklich auf die Diskussion solcher Dinge einlassen wollen. Falls ja, bauen Sie vorher eine mögliche Verteidigungslinie auf.

Denken Sie über mögliche Fragen nach, und überlegen Sie sich die Antworten dazu. Nutzen Sie die Möglichkeit eines Probevortrags beim Seminar Ihrer Gruppe. Bitten Sie Ihre Kollegen, so viele Fragen wie möglich zu stellen. Dieselben Fragen kommen dann vielleicht auch in der Diskussion von anderen Zuhörern.

Eine effiziente Methode, erwartete Fragen zu bekommen, ist, diese zu provozieren. Wie können Sie das bewerkstelligen? Wenn Sie etwas erklären, aber bewusst nicht die von jedem aufmerksamen Zuhörer erwartete Schlussfolgerung ziehen, dann können Sie sicher sein, danach gefragt zu werden. Zur Beantwortung solcher erwarteter Fragen können Sie sogar noch zusätzliche Slides vorbereitet haben. Sie können ja bei der erwarteten Frage sagen, dass dieses Bild aus Zeitgründen im Vortrag ausgelassen wurde. Dadurch können Sie einen guten Eindruck machen. Doch es ist keinesfalls zu empfehlen, mit Freunden und guten Bekannten Absprachen über zu stellende Fragen zu treffen. So könnten zwar mit Sicherheit zumindest einige Fragen beantwortet werden, aber wenn das bekannt wird, ist der Eindruck viel schlechter als bei einer nicht umfassend beantworteten Frage.

Auf Fragen antworten

Wenn eine Frage nicht mit dem Mikrofon gestellt wurde, ist es empfehlenswert, sie nochmals laut zu wiederholen, damit alle Vortragsteilnehmer wissen, worauf geantwortet wird. Selbst in einem kleineren Raum kann es vorkommen, dass eine Frage aus der ersten Reihe hinten nicht verstanden wurde. In größeren Vortragsräumen oder schwer verständlicher Sprache des Fragers sollte die Wiederholung unbedingt geschehen. Indem Sie die Frage wiederholen, gewinnen Sie etwas mehr Zeit, über die Antwort nachzudenken. Sollte eine Frage unklar oder eher negativ und aggressiv formuliert sein, können Sie sie durch modifizierte Wiederholung in eine positivere Richtung bringen und dementsprechend positiv darauf antworten.

Das Stellen einer Gegenfrage ist eine effektive Methode, auf eine aggressive Frage zu antworten. Damit wird der Frager zuerst zur Antwort gezwungen. Und meist ist dann die Spitze der Frage bereits gebrochen. Außerdem bekommen Sie dadurch mehr Zeit, über eine passende Antwort nachzudenken (Abb. 2.14).

Die meisten Fragen beziehen sich üblicherweise einfach auf nähere Klarstellung oder zusätzliche Information über die vorgestellten Arbeiten und sind leicht zu beantworten, wenn Sie gut vorbereitet und nicht zu nervös sind. Doch manche Fragen, speziell solche, die über das Ihnen vertraute Gebiet deutlich hinausgehen, sind nicht so einfach zu beantworten. Wenn Sie Glück haben, haben Sie zufällig einmal etwas darüber gelesen. Falls Sie keine direkte Antwort geben können, ist es immer noch besser, einige

Abb. 2.14 Abwehr von aggressiven Fragen (Mit freundlicher Genehmigung von Claus Grupen)

Randerklärungen dazu zu geben als sprachlos dazustehen. Denken Sie an Politikerinterviews, in denen der Reporter eine Frage stellt und der Interviewte einen Kommentar zu einem ganz anderen Thema abgibt. Dies ist keinesfalls ein gutes Vorbild, aber ein möglicher Ausweg, im Ausnahmefall aus der Klemme zu kommen. Sie können dann nur hoffen, dass der Frager nicht weiter auf dem kritischen Gegenstand beharrt. Falls Sie Ihre Arbeiten in Kooperation mit anderen Kollegen durchgeführt haben und eine Frage zu der Technik kommt, mit der Sie überhaupt nicht vertraut sind, können Sie die Frage auch an Ihren anwesenden Co-Autor ohne Gesichtsverlust weitergeben.

Wenn Sie wirklich nichts sagen können, ist es oft am besten, dies einfach zuzugeben mit Worten wie: „Dies ist eine interessante Überlegung. Ich werde darüber nachdenken." Oder: „Dies ist außerhalb meiner Kompetenz, doch vielleicht können Sie dazu etwas sagen."

Wenn jedoch jeder erwartet, dass Sie in der Lage sein müssen, eine bestimmte gestellte Frage zu beantworten, doch Sie haben ein „Blackout" oder noch nie über diese naheliegende Frage nachgedacht und wollen das nicht zeigen, was sollten Sie in einer solchen Situation tun? Sie könnten z. B. auf die Uhr schauen und sagen: „Die Beantwortung Ihrer komplexen Frage erfordert mehr Zeit als die verbliebenen drei Minuten Diskussionszeit erlauben. Können wir uns in der Pause darüber unterhalten?"

Dann wird dieser Kollege der Einzige sein, der erfährt, dass Sie überhaupt nichts dazu wissen. Und wenn Sie Glück haben, können Sie sogar vermeiden, diesem Kollegen nochmals zu begegnen.. Stop

Belastend sind auch Fragen, die offensichtlicher Nonsens, nicht nachvollziehbar oder unverständlich vorgetragen sind. Versuchen Sie bitte nicht, dabei den Fragenden für den Widersinn der Frage oder sein schlechtes Englisch zu blamieren. Erzählen Sie etwas, was Sie als naheliegend betrachten. Damit ist ein solcher Frager oft schon zufrieden.

Versuchen Sie immer, eine positive Einstellung zu Fragern zu entwickeln. Reagieren Sie nicht arrogant, wenn eine Frage zum Vortragsanfang kommt und Sie wissen, dass der Frager diesen im Tiefschlaf verbracht hat oder extrem begriffsstutzig ist. Besser als herablassend aufzutrumpfen mit Kommentaren wie beispielsweise „wie ich bereits ausführlichst erläuterte, aber für Sie noch einmal wiederhole ..." sollte man sagen, „dies ist eine sehr interessante Frage", und die Erklärung nochmals mit anderen Worten wiedergeben.

Seien Sie sich auch bewusst, dass nicht alle Fragen aus purem Interesse gestellt werden. Manchmal will der Fragende sich selbst nur in Szene setzen und zeigen, dass er auch eine Menge auf diesem Gebiet weiß, oder vor größerem Auditorium auf seine Anwesenheit aufmerksam machen. In diesem

Falle ist die Antwort von sekundärer Bedeutung und sollte lediglich vernünftig, sicher und kompetent klingen.

Glücklicherweise sind die meisten Fragen vernünftig und eher harmlos. Wenn Sie sich in Ihrem Gebiet gut zu Hause fühlen, dürfte die Fragenbeantwortung für Sie kein ernsthaftes Problem sein.

Unterbrechende Fragen

Es wirft Sie nicht aus dem Konzept, wenn in einem Vortrag eine kurze Frage kommt, die nur einer kurzen Antwort bedarf. Nach der kurzen Zwischenerklärung können Sie fortfahren. Doch lassen Sie sich nicht Ihren Vortrag durch lange Fragen, die lange Antworten erfordern, zerstören. Diese Zeit fehlt Ihnen dann, das exakt für die Vortragszeit vorbereitete Material vorzustellen. In einem solchen Fall ist es besser zu sagen, „Ich würde diese Frage gern ausführlich am Ende des Vortrags beantworten", und fortzufahren.

2.5.2 Die Kunst, Fragen zu stellen

Meistens werden Fragen aus dem Interesse heraus gestellt, die vorgestellten Ergebnisse näher zu diskutieren. Wenn Ihnen eine solche Frage einfällt, während Sie an einem Vortrag als Zuhörer teilnehmen, dann seien Sie nicht zu scheu, Ihre Frage zu stellen. Die Antwort könnte für Ihre eigenen Arbeiten nützlich sein und die Diskussion und Interpretation voranbringen. Schlechte Fragen werden rasch vergessen. Das Einzige, was bleibt, ist, dass auch Sie an der Diskussion teilgenommen haben. Sie kennen ja den Spruch: „Jegliche Art von Publizität ist gute Publizität".

Einige Wissenschaftler, normalerweise ein bis zwei bei jeder Konferenzsitzung, legen auf ihre Publizität einen ausgesprochen großen Wert. Sie betrachten die Diskussionszeit als Möglichkeit, sich selbst darzustellen, auch wenn sie keinen Vortrag eingeräumt bekamen. In den 1970er-Jahren gab es bei einer Abendsitzung der Deutschen Physikalischen Gesellschaft einen amüsanten Abendvortrag von Jose Liebertz (Universität Bonn) über „Wissenschaftliche Dialogologie". Er klassifizierte darin die suspekten Methoden, Fragen zu stellen. Für diejenigen unter Ihnen, die auf Biegen und Brechen immer und überall eine Frage stellen möchten, kommt in der folgenden Auflistung der zynische Ratgeber zusätzlich noch dazu.

Examinierende Frage

Wenn ein Teilnehmer davon überzeugt ist, viel mehr als der Vortragende zum Thema zu wissen, wird die examinierende Methode angewandt. Das Ziel dabei ist das Höherstufen der eigenen Person durch das Herabstufen des Kollegen.

Skeptizistische Frage

Diese Technik wird gern von älteren und profilierteren Kollegen angewendet, wenn jüngeren Kollegen der Erfolg nicht gegönnt wird. Das Ziel ist normalerweise, die vorgestellten Ergebnisse oder Schlussfolgerungen in Zweifel zu ziehen. Diese Methode funktioniert nur von oben nach unten. Wenn ein erfahrener Wissenschaftler erklärt, nicht nachvollziehen zu können, was der jüngere Kollege vorstellt, dann bedeutet das, es war Nonsens. Wenn umgekehrt ein junger Wissenschaftler anmerkt, dass er den Ausführungen des profilierten Kollegen nicht folgen kann, dann zeigt das doch nur, wie beschränkt sein wissenschaftliches Verständnis ist.

Absichtliches Missverständnis

Diese Methode gibt nicht unbedingt den aufmerksamsten Eindruck vom Fragenden, wird aber, um überhaupt in Erscheinung zu treten, gelegentlich angewendet. Solche Situationen sind z. B.: Wenn ein Vortragender sagte, dass die Resultate nur bei Normaldruck erhalten wurden, könnte die Frage lauten: „Wenn ich Sie richtig verstanden habe, erhalten Sie Ihre Ergebnisse nur bei Überdruck. Doch unsere Messungen zeigen solche Effekte nur bei Normaldruck. Wie erklären Sie den Widerspruch?" Der Referent wird Ihnen natürlich beipflichten, doch Sie haben sich in Szene gesetzt.

Methode der modifizierten Randbedingungen

Diese höchst effektive Methode können Sie selbst dann anwenden, wenn Sie überhaupt nichts verstanden haben. Nur wenige Details müssen aufgeschnappt worden sein. Wenn z. B. die vorgestellten Experimente bei 500 °C durchgeführt wurden, können Sie ganz einfach fragen: „Und was erwarten Sie bei 600 °C?"

Methode der Autapotheose oder Selbstbeweihräucherung

Hier versucht der Fragende klarzustellen, dass er in einer höheren Liga als der Sprecher spielt. Einleitungen dazu können sein: der Bezug zu dem hoch zitierten Artikel des Fragenden in der Zeitschrift *Nature,* seine jüngsten Gespräche mit eng befreundeten Nobelpreisträgern oder der Hinweis auf seinen stark beachteten Plenarvortrag bei einer viel größeren internationalen Konferenz.

Methode der Abweichung

Hier führt der Fragende die Diskussion auf ein Randgebiet des Vortrags, auf dem er ein viel ausgewiesener Experte ist, hakt sich an einer Nebenbemerkung fest, um zu zeigen, dass er hier viel mehr weiß.

Vorbereitete Fragen

Wenige Leute kommen zu einer Konferenz mit dem festen Wunsch, eine Frage zu stellen, sind sich aber nicht sicher, ob ihnen tatsächlich während des Vortrags etwas einfallen wird. Anhand des Abstracts wird dann eine Frage überlegt und aufgeschrieben. Bei einer Konferenz, bei der der Präsident der Amerikanischen Physikalischen Gesellschaft einen Vortrag hielt, stand ein Teilnehmer auf und sagte: „Ich habe eine Frage." Daraufhin begann er, ein vierseitiges Manuskript zu verlesen, um abschließend zu bemerken: „Erklären Sie mir, warum dieser exzellente Artikel nicht in der Zeitschrift *Physical Review Letters* akzeptiert wurde!"

Dumme Frage

Bei Ihnen müssen die Alarmglocken schrillen, wenn jemand einleitend sagt: „Ich habe eine dumme Frage…". Diese Art von Fragen stellen normalerweise Kollegen, die auf dem betreffenden Gebiet nicht zu Hause sind, aber insgesamt einen breiten Überblick haben und tiefsinnig denken. Vielleicht hat dieser Kollege gerade den Schwachpunkt Ihrer Argumentation aufgespürt. Derartige Fragen sind normalerweise alles andere als dumm. Wenn dann der Referent darauf nicht antworten kann, ist er selbst der Dumme.

2.6 Posterpräsentationen

2.6.1 Einordnung als Postervortrag

Oftmals ist ein Wissenschaftler enttäuscht, wenn er aufgrund des hervorragenden eingereichten Abstracts nur ein Poster und keinen mündlichen Vortrag zugebilligt bekommt. Andere sind wiederum erleichtert, wenn sie nicht dem Stress eines mündlichen Vortrags ausgesetzt sind. Poster werden oftmals als minderwertige Konferenzbeiträge aufgefasst.

Doch ein Posterbeitrag hat gegenüber einem mündlichen Vortrag durchaus auch etwas Positives: Sie haben mehr Zeit, mit den wirklich interessierten Kollegen Ihre Ergebnisse vor dem Poster zu diskutieren als in der kurzen Diskussionszeit nach einem Vortrag. Sie können dadurch neue Ideen für eigene Arbeiten erhalten und vielleicht auch neue Kollaborationen entwickeln.

Viele Konferenzen bekommen so viele gute Abstracts angeboten, dass die Konferenzzeit einfach nicht den mündlichen Vortrag aller guten Beiträge erlaubt. Deshalb ist die Einordnung als Poster kein Qualitätsurteil, meistens sind davon Beiträge zu spezielleren Themen betroffen.

2.6.2 Optische Gesichtspunkte für die Postergestaltung

Versuchen Sie, Ihr Poster unter einigen Hundert anderen konkurrierenden Postern auffallen zu lassen. Dies ist weniger eine Frage des Inhalts als mehr der optischen Gestaltung.

Der erste und oftmals einzige Teil, der von den durch die Posterreihen flanierenden Kollegen gelesen wird, ist der Titel. Doch selbst dieser wird nicht auffallen, wenn er schwer lesbar, zu klein gedruckt, zu lang oder zu technisch ist. Deshalb ist es wichtig, einen prägnanten, möglichst kurzen und groß gedruckten Titel zu wählen. Auch eine Frage als Titel weckt Interesse. Vergessen Sie nicht, darunter Namen und Adresse anzugeben. Der Abstract, der als Nächstes bei einem ansprechenden Titel gelesen wird, sollte kurz und aussagekräftig sein. Der nachfolgende Hauptteil des Posters sollte möglichst wenig Text enthalten und gut durch Zwischenüberschriften gegliedert sein. Als Orientierung kann gelten, nicht mehr als eine DIN A4-Seite Text (Schriftgröße 14 Punkt) in der Summe zu haben. Der Text sollte das Experiment skizzieren, nur die wesentlichen Aspekte und eine Zusammenfassung der Arbeit und die Schlussfolgerungen enthalten, aber keine detaillierte Diskussion. Minimieren Sie die Experiment- oder Theoriebeschreibung. Auch die Ergebnisse sollten auf die wichtigsten Aspekte reduziert werden. Falls Ihre Ergebnisse zu weiterführenden Schlussfolgerungen führen, werden sich andere auf diesem Gebiet tätige Kollegen dafür interessieren. Wählen Sie mindestens Schriftgröße 14 Punkt, damit Ihr Postertext bei größerem Andrang auch noch aus einer Entfernung von 2 m lesbar ist.

Konzentrieren Sie sich besonders auf die Abbildungen. Darin werden Ihre Ergebnisse deutlich. Das Verhältnis zwischen Text und Abbildungen sollte ausgewogen sein. Die Abbildungen müssen so weit wie möglich selbsterklärend und nicht zu kompliziert zu verstehen sein. Auch die Abbildungsgröße muss angemessen sein, bevorzugt DIN A4-Format.

Wie bei einer Publikation sollte auch ein Poster die wesentlichen Zitate und eine Danksagung am Schluss enthalten.

Das meistbenutzte Posterformat ist DIN A0 (84 cm × 119 cm). Falls es möglich ist, sollte das gesamte Poster in diesem Format ausgedruckt werden. Wenn es einen so großen Drucker an Ihrem Institut nicht gibt, ist der Gang zum Copyshop das bessere Erscheinungsbild des Posters wert. Dieser Posterstil ist besser als das Anheften von 16 DIN A4-Blättern.

Bei vielen Konferenzen gibt es einen Preis für das beste Poster. Der Preis kann in einer Flasche Sekt oder 100–400 US$ bestehen. Versuchen Sie, den Preis für das beste Poster zu bekommen, indem Sie ein Poster mit exzellentem Inhalt und außergewöhnlich guter optischer Erscheinung präsentieren (Abb. 2.15).

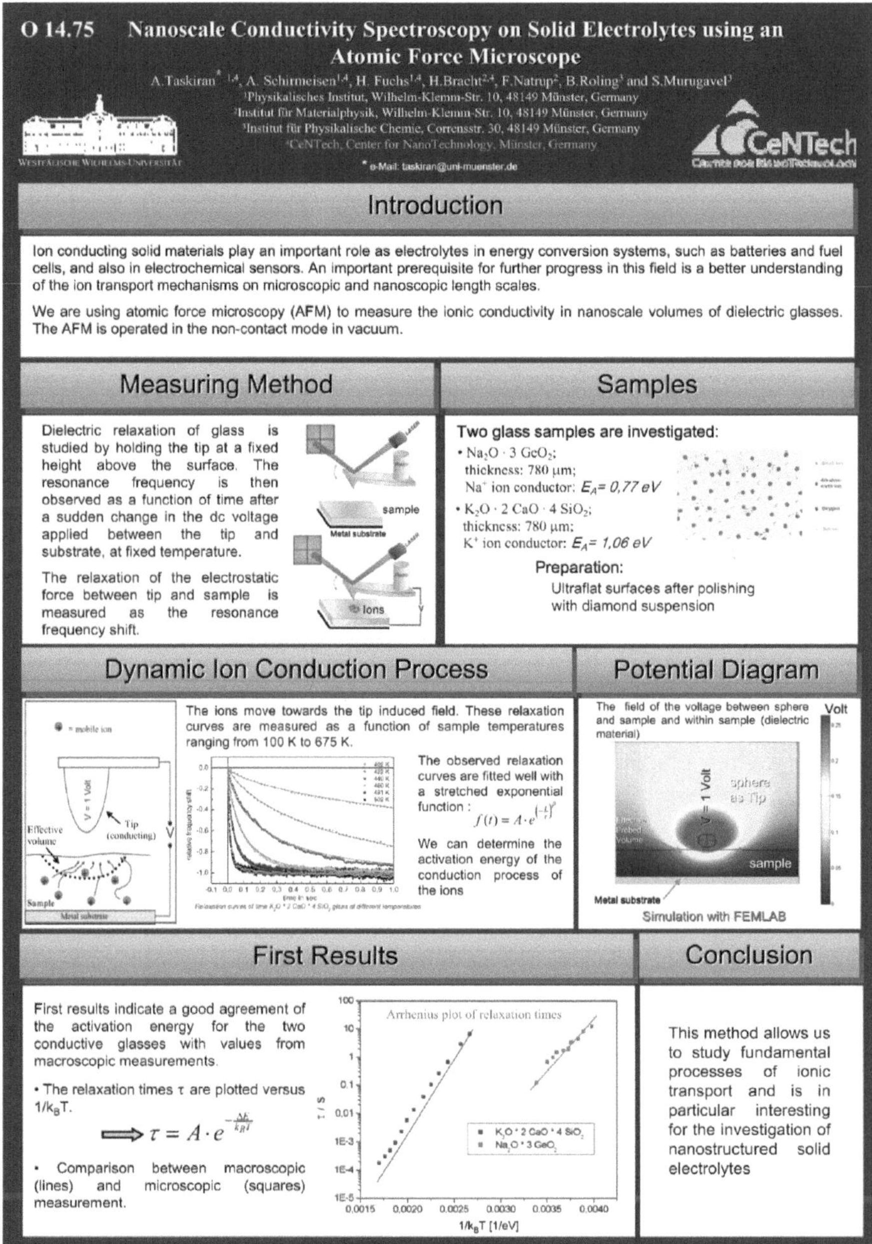

Abb. 2.15   Beispiel für ein gutes Poster

2.7 Einige Tipps zum Leiten von Meetings

Es ist eine Ehre, eine Konferenzsitzung leiten zu dürfen. Dies bedeutet, dass man im entsprechenden Fachgebiet eine gute Reputation als international anerkannter Spezialist erlangt hat. Gleichzeitig wird Ihnen damit zugetraut, den Überblick über das Gebiet zu haben, was wichtig für die Auswahl der eingeladenen Hauptvorträge und die angemessene Repräsentation des Gebiets in den anderen Vorträgen ist, gute internationale Verbindungen zu haben und diplomatisch genug zum Leiten der Diskussion zu sein. Damit Sie diese Erwartungen nicht enttäuschen, sollten Sie die folgenden Regeln berücksichtigen:

2.7.1 Aufgaben des Diskussionsleiters

Vorbereitung
Konzentrieren Sie sich bei der Auswahl der eingeladenen Hauptvorträge nicht nur auf ihre Freunde und guten Bekannten allein. Peinlich hatte ich einmal erlebt, dass der Sitzungsleiter ausschließlich seine Forschungspartner mit Hauptvorträgen bedacht hatte, die allerdings nicht höchst kompetent waren, was dann in der Diskussion dazu führte, dass er einen Großteil der an sie gestellten Fragen selbst beantworten musste.

Bevor die Sitzung beginnt, machen Sie sich nochmals mit dem Zeitplan und der eventuell unterschiedlichen Länge der Vorträge vertraut. Nichts ist peinlicher als einen Hauptvortragenden, der 30 min Zeit hat, nach 15 min aufzufordern, zum Schluss zu kommen, weil irrtümlich ein kürzerer Beitrag erwartet wurde.

Können Sie alle Namen der Referenten richtig aussprechen? Einige einleitende Bemerkungen zum Inhalt der Sitzung und vor jedem Vortrag zu dem kommenden Thema und zum Vortragenden schaffen eine verbindliche und erwartungsvolle Atmosphäre und zeigen, dass Sie vollständig im Bilde sind.

Zeitdisziplin
Eine Ihrer wesentlichsten Aufgaben ist, auf die Einhaltung des Zeitplans zu achten, dass jeder Vortragende zur angekündigten Zeit beginnt und zeitlich nicht überzieht. Dies ist besonders wichtig bei Konferenzen mit mehreren Parallelsitzungen. Dafür ist die Benutzung einer Uhr, die 2 min vor Vortragsende und bei Ablauf der Redezeit ein Signal gibt, nützlich. Wenn der Redner überzieht, müssen Sie entscheiden, ob Sie ihn in die Diskussionszeit hinein weiter sprechen lassen, oder ob Sie ihn auffordern, zum Ende

zu kommen. Diese Entscheidung hängt davon ab, wie viele Fragen erwartet werden, wie wichtig und interessant das Thema und der Sprecher sind. Wenn der Zeitplan aus den Fugen geraten ist, müssen Sie eventuell die folgenden Referenten bitten, ihre Vorträge etwas zu verkürzen, um wieder in den Zeitplan zu kommen.

Ausgefallene Vorträge
Fällt ein Vortrag aus, so ist das kein Problem bei einer Konferenz ohne Parallelsitzungen. Dann wird einfach mit dem nächsten Vortrag fortgefahren. Im anderen Fall ist dafür zu sorgen, dass trotzdem die nachfolgenden Vorträge zur angekündigten Zeit beginnen. Dafür kann dann vor dem ausgefallenen Vortrag (was eigentlich bei Sitzungsbeginn deutlich werden müsste, wenn ein Sprecher nicht auftaucht) gesorgt werden, indem den Vorträgen vor dem ausgefallenen Vortrag mehr Rede- und Diskussionszeit zugebilligt wird, z. B. 20 anstelle von 15 min. Außerdem kann auf abgebrochene Diskussionen vorangegangener Vorträge zurückgekommen werden. Im Extremfall sollte eine kurze Pause eingelegt werden.

Diskussionsleitung
Die zweite Hauptverantwortung ist die Diskussionsleitung. Nachdem die Aufforderung zu Fragen erfolgte, sollte der Diskussionsleiter in der Reihenfolge der Meldungen die Fragenden zu Wort kommen lassen. Er/sie sollte erlauben, dass jede Frage zur Zufriedenheit des Fragestellers, Publikums und Referenten beantwortet werden kann. Falls die Situation eintritt, dass keine Frage gestellt wird, dann sollte der Diskussionsleiter das Eis mit einer ersten Frage brechen, auch wenn dies vielleicht die einzige Frage bleibt, aber dadurch zumindest die peinliche Situation gar keiner Frage vermieden wird. Es ist auf jeden Fall empfehlenswert, als Diskussionsleiter während des Vortrags über ein bis zwei mögliche Fragen nachzudenken. Falls jedoch umgekehrt viel mehr Fragesteller sich melden, als die Diskussionszeit erlaubt, dann sollten vorrangig diejenigen Kollegen aufgerufen werden, die vorher noch keine Fragen gestellt hatten. Wenn dann das Ende der Diskussionszeit naht, ohne dass alle Fragen vorgetragen werden konnten, können Sie als Diskussionsleiter vorschlagen, die Diskussion in der nächsten Kaffeepause fortzusetzen.

2.7.2 Seminare und interne Meetings

Bei internen Meetings sind oft Organisator und Diskussionsleiter identisch. Bei der Planung sollte berücksichtigt werden, dass keine Überschneidungen mit anderen Veranstaltungen bestehen und wesentliche Kollegen teilnehmen können. Zur Vorbereitung gehört weiterhin die Raumreservierung, das Aufstellen eines inhaltlichen Plans des Meetings, die Vorankündigung der Agenda an alle beteiligten Kollegen sowie eventuelle Kaffeebestellung. Wenn die Veranstaltung stattfindet, ist die Atmosphäre normalerweise ziemlich entspannt. Hierbei besteht weniger Zeitdruck, doch es ist empfehlenswert, sich zu Beginn auf einen Zeitrahmen zu verständigen, damit die Veranstaltung nicht ausufert. Dazu gehört auch die Vereinbarung der Länge der einzelnen Beiträge. Als generellen Zeitrahmen für interne Meetings sollten 90 min angestrebt werden, die typische akademische Zeiteinheit.

Der Diskussionsleiter muss die Courage aufbringen, lange und inhaltsarme Darstellungen abzubrechen und Diskussionen, die nicht alle Teilnehmer betreffen, im kleineren Kreis fortzusetzen. Wenn ein Meeting zu lange dauert, kann es auch offiziell als beendet erklärt werden, und die Kollegen, die unbedingt weiter diskutieren wollen, können das im nächstgelegenen Restaurant tun.

2.8 Was man tun oder lassen sollte

DO	Stellen Sie sich auf Ihr Publikum ein.
DON'T	Halten Sie nicht einen spezialisierten Vortrag vor einem allgemeinen Publikum.
DO	Wählen Sie die geeignete Materialmenge für die erlaubte Vortragszeit aus.
DON'T	Versuchen Sie nicht, alle Details darzustellen.
DO	Planen Sie 1–2 min pro Slide.
DON'T	Nehmen Sie nicht Text oder Abbildungen auf, die nicht besprochen werden.
DO	Strukturieren Sie den Vortrag logisch (wie eine Publikation).
DON'T	Springen Sie nicht von Thema zu Thema hin und her.
DO	Haben Sie nur ein Hauptthema pro Slide.
DON'T	Überladen Sie die Slides nicht mit Informationen.
DO	Haben Sie nur stichwortartige Texte in den Slides als Vortragsgerüst.

DON'T   Vermeiden Sie die Wiedergabe kompletter Sätze oder langer Textteile.
DO   Machen Sie die Slides durch Farbeinsatz attraktiv.
DON'T   Haben Sie nicht zu bunte oder nur schwarz/weiße Slides.
DO   Erkennen Sie diejenigen an, die Ihre Arbeit unterstützt haben.
DON'T   Unterlassen Sie jegliche Plagiate.
DO   Ziehen Sie klare Schlussfolgerungen, und geben Sie eine Botschaft zum Mitnehmen.
DON'T   Beenden Sie den Vortrag nicht mit wüsten Spekulationen.
DO   Üben Sie den Vortrag mit Kollegen, Freunden oder allein.
DON'T   Vermeiden Sie es, den Vortrag erst am letzten Abend vor dem Halten vorzubereiten.
DO   Nehmen Sie die Kritik von Kollegen ernst.
DON'T   Wiederholen Sie nicht immerfort dieselben Fehler.
DO   Sprechen Sie frei, natürlich und freundlich.
DON'T   Lesen Sie niemals den Vortrag ab.
DO   Sprechen Sie klar und deutlich, und kontrollieren Sie die korrekte englische Aussprache.
DON'T   Tragen Sie nicht zu schnell, zu leise und ohne Betonung sowie mit falscher Grammatik und Aussprache vor.
DO   Treten Sie angemessen gekleidet auf, und verhalten Sie sich der Situation entsprechend.
DON'T   Blockieren Sie nicht die Sicht mit dem eigenen Körper oder Schatten.
DO   Fühlen Sie sich sicher und entspannt und treten Sie dementsprechend auf.
DON'T   Unterlassen Sie arrogantes oder nervöses Auftreten.
DO   Halten Sie den Vortrag in der vorgegebenen Zeit.
DON'T   Ignorieren Sie nicht die Aufforderung des Sitzungsleiters, zum Ende zu kommen.
DO   Bereiten Sie sich vorher auf die Diskussion vor.
DON'T   Beantworten Sie nicht eine Frage, bevor das gesamte Publikum diese verstanden hat.

Ich hoffe, dass die in diesem Kapitel gegebenen Hinweise für Sie nützlich sind und Ihnen helfen, erfolgreich Vorträge zu halten

3

Publizieren wissenschaftlicher Artikel

Inhaltsverzeichnis

In diesem Kapitel werden wir uns damit beschäftigen, wie ein wissenschaftlicher Artikel zu planen, zu verfassen und einzureichen ist. Falls Sie darin noch unerfahren sind, werden hier nützliche Empfehlungen gegeben. Und für diejenigen, die bereits Publikationserfahrung besitzen, wird diese zusammengefasste Darstellung richtiger und falscher Vorgehensweisen nützlich sein, die Schreibfertigkeiten zu verbessern.

Obwohl ich mich hier eher auf das Verfassen von Manuskripten für Zeitschriftenartikel als von Büchern konzentrieren möchte, werden Sie sehen, dass Sie, nachdem Sie die Fertigkeiten zum Verfassen guter Artikel erworben haben, schon eine bedeutende Wegstrecke gegangen sind, um gutes Lehrmaterial und selbst ein Buchmanuskript in Angriff zu nehmen.

© Springer-Verlag GmbH Deutschland, ein Teil von Springer Nature 2019
C. Ascheron, *Wissenschaftliches Publizieren und Präsentieren*,
https://doi.org/10.1007/978-3-662-58053-0_3

3.1   Planung und Vorbereitung

Fehler beim Vorbereiten stellen das Vorbereiten eines Fehlers dar (Mike Murdock).

3.1.1   Bevor Sie beginnen

Bevor Sie anfangen, eine Publikation zu planen, sollten Sie sich selbst die folgenden kritischen Fragen stellen:

Habe ich genügend wesentliche Resultate? Prüfen Sie den Wert Ihrer Ergebnisse gründlich und kritisch, ob sie wirklich publikationswürdig sind. Dabei geht es um die Fragen: Sind die Resultate reproduzierbar? Führen sie zu wesentlichen Erkenntnissen? Sind diese Ergebnisse für andere Wissenschaftler interessant? Wenn Sie all diese Fragen mit „Ja" beantworten können, dann ist eine Publikation wahrscheinlich gerechtfertigt. Wenn jedoch Ihre Ergebnisse wenig Neues enthalten oder weiterer Untersuchungen bedürfen, bevor sie interpretiert werden können, dann sollten Sie lieber warten, bis Sie substanziellere Resultate vorliegen haben. Wenn Sie in dieser Entscheidung unsicher sind, dann können Ihnen erfahrenere Kollegen oder Ihr Chef bestimmt helfen. Besprechen Sie Ihre Arbeiten mit diesen Kollegen auch mit Blick auf das, was andere Forscher auf diesem Gebiet publiziert haben. Diese Diskussion wird Ihnen helfen zu erkennen, ob Ihre Arbeiten tatsächlich eine Lücke schließen, zur Klärung offener Fragen beitragen oder gar eine völlig neue Forschungsrichtung eröffnen.

Was möchte ich berichten? Eine Publikation ist normalerweise thematisch eng orientiert, enthält ein oder einige bedeutende Ergebnisse und gibt dem Leser eine Botschaft. Sie sollten für den Inhalt Ihrer Publikation nur diejenigen Ergebnisse auswählen, die für die Botschaft benötigt werden. Ein Überladen des Artikels mit anderen, weniger relevanten Ergebnissen führt eher zu einem wissenschaftlichen Verdünnungseffekt und sollte vermieden werden. Ihr Artikel sollte sich so weit wie möglich auf das Thema konzentrieren. Dann wird der Leser diesen Artikel auch schätzen und als bemerkenswert empfinden.

Wann sollten die Ergebnisse publiziert werden? Manchmal gibt es gute Gründe für das Verzögern des Publizierens. Wie bereits gesagt, ist es wichtig, genügend wesentliche Ergebnisse akkumuliert und diese auch reproduziert zu haben. Besonders wenn Ihre Ergebnisse auch technologisch relevant sind, dann ist vom raschen Publizieren abzuraten. Denn in diesem Fall sollten Sie zuerst das Patent einreichen. Der Patentantrag muss in Europa und Japan dem Publizieren der Resultate vorangehen, weil alles Publizierte als öffentliches Wissen klassifiziert wird, das nicht mehr patentiert werden kann.

Stehe ich unter Konkurrenzdruck? Wenn verschiedene Forscher oder Forschungsgruppen am selben Thema arbeiten, kann sich ein Wettbewerb entwickeln, bestimmte Probleme zuerst zu lösen und die entsprechenden ersten Publikationen dazu zu haben, um Prioritäten zu etablieren. Denn die Priorität wird durch das Einreichungsdatum des Artikels bestimmt.

Wenn Sie in Konkurrenz mit andern Gruppen stehen und sicherstellen möchten, dass der neu entdeckte Effekt nach Ihnen benannt wird, sollten Sie Ihre wesentlichen Ergebnisse so rasch wie möglich publizieren, um die Prioritätsrechte für sich und Ihre Co-Autoren zu sichern. Für schnelles Publizieren ist eine *short note* oder ein *letter* am geeignetsten. Weil derartige Publikationen strikten Umfangsbeschränkungen unterliegen, kann darin nur über die neuen Erkenntnisse berichtet werden, ohne sie umfassend zu diskutieren. Wenn Sie jedoch nicht unter Konkurrenzdruck stehen, könnte es angebrachter sein, eine umfangreichere und tiefgründigere Ergebnisdiskussion in einer längeren Originalarbeit zu liefern. Es ist schade, exzellente Ergebnisse in einer hastig geschriebenen Publikation von minderem Wert zu verschwenden, da sie nur einmal publiziert werden sollten. Um eine umfassendere Publikation zu verfassen, müssen Sie mehr Zeit investieren, um alle zur Komplettierung des Bildes benötigten Daten zu sammeln, die Literatur umfassend zu prüfen und gründlich über die Interpretation nachzudenken. Letztendlich wird eine fundiertere wissenschaftliche Arbeit eine größere Wirkung erzielen als eine knappe Ergebnisbeschreibung.

Man kann jedoch auch zu lange warten: Die Carbon Nanotubes wurden von Dr. Iijima von NEC Tsukuba bereits im Jahr 1990 entdeckt. Doch er wartete mit der Publikation zwei Jahre, was zwei Jahre zu lang war. Obwohl dieser Artikel durch das Erscheinen in der Zeitschrift *Nature* große Anerkennung fand, war es zu spät, um für den Nobelpreis für neue Kohlenstoffmodifikationen noch berücksichtigt zu werden. Er wurde allein für die verwandten Fullerene vergeben.

Wenn Sie zu spät dran sind, dann haben andere bereits die Lorbeeren geerntet, und das Interesse an Ihren Arbeiten wird geringer sein, auch wenn diese in mancher Hinsicht anders als die bereits publizierten Artikel sind.

Manchmal ist jedoch zu frühes Publizieren genauso schädlich wie zu spätes. Denn es kann auch passieren, dass Ihre Arbeiten ihrer Zeit weit voraus sind. Vielleicht werden Ihre Ergebnisse erst viel später technologisch relevant. Dann kann es geschehen, dass später niemand nach wesentlich früheren Publikationen auf diesem Gebiet sucht und die Arbeiten gar nicht zitiert werden, wie es mir selbst mit einer neu entwickelten Halbleitertechnologie ging. Es ist nicht garantiert, dass unbeachtet gebliebene Pionierarbeiten später wiederentdeckt werden. Arbeiten im Hauptstrom der Forschung werden viel häufiger zitiert. Man braucht also einfach eine gute Nase, um zur rechten Zeit am rechten Ort mit seinen Forschungen zu sein.

Was ist bereits bekannt? Obwohl Sie sich wahrscheinlich bereits vor Beginn Ihrer Untersuchungen darüber informiert haben, was es auf Ihrem Gebiet bereits gibt, bevor Sie mit eigenen Untersuchungen begannen, wird ein noch umfassenderes Literaturstudium notwendig sein, wenn es darum geht, Ihre Ergebnisse zu interpretieren, zu publizieren und in den Kontext des bereits Publizierten vollständig einzuordnen. Andere Publikationen geben vielleicht Interpretationsunterstützung oder widersprechen der eigenen Sicht der Dinge. Zumindest erwähnen sollte man jedoch beides.

Welche Sprache? Ihre Publikation wird eine größere Wirkung haben und stärker beachtet werden, wenn sie in einer internationalen englischsprachigen Zeitschrift herausgebracht wird. Wenn Englisch nicht Ihre Muttersprache ist, kann es aufwendiger sein als in der eigenen Sprache. Doch wenn Ihre Ergebnisse wesentlich sind, sollte unbedingt dieser Zusatzaufwand betrieben werden, um die Resultate international bekannt zu machen. Wie schmerzlich es sein kann, in der falschen Sprache zu publizieren, hat Eiji Osawa, Hokkaido University, erfahren.

Er war der erste Wissenschaftler, der die Existenz von Fullerenen theoretisch voraussagte. Doch er hatte diese Arbeit nur in einer japanischsprachigen Zeitschrift publiziert (Abb. 3.1) und erreichte damit keine internationale Bekanntheit. So war seine Arbeit auch dem Nobelpreiskomitee unbekannt, als es über die Vergabe des Preises an die drei Experimentatoren entschied, die Fullerene nachwiesen. Als die Entscheidung bekannt gegeben wurde, sandte er sofort seine 20 Jahre ältere Publikation an das Nobelpreiskomitee. Doch ihm wurde gesagt:

> Wir bedauern, dass uns Ihre Arbeit nicht vorher zugänglich war. Der Nobelpreis kann nur an maximal drei Leute verliehen werden. Wir können Ihren Namen nicht als vierten hinzufügen. Und die Entscheidungen des Nobelpreiskomitees werden niemals revidiert.

So verpasste Osawa schließlich den Nobelpreis, weil er in der falschen Sprache publiziert hatte [32].

3.1.2 Eine Zeitschrift auswählen

Bevor Sie mit dem Verfassen des Artikels beginnen, sollten Sie sich überlegen, bei welcher Zeitschrift Sie ihn einreichen wollen, weil jede Zeitschrift ihren eigenen Stil, thematische Orientierung und Autorenrichtlinien hat.

Fullerenes

First paper

Eiji Osawa, Kagaku **25,** 854-863 (1970)

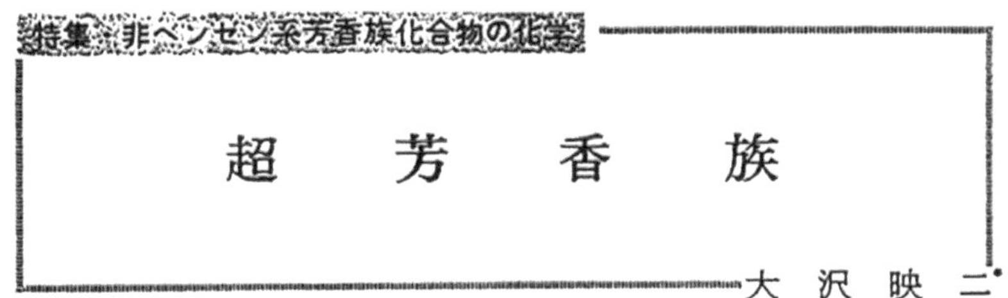

1.　はじめに

最近数年間の非ベンゼン系芳香族化学の発展の速さと
広がりの大きさにはまことに目をみはるものがある。そ
の原動力が Hückel の分子軌道法に基づく $(4n+2)\pi$
則と、合成化学技術の近代化の二つであることについて
はまず異論のないところであろう。とすると数ある目ざ
ましい新芳香族化合物のうちでシクロプロペニウムとア
ンニュレンの発見は実に意義が深い。しかし逆に考え
ると Hückel 則の合成化学的検討に関して、最も劇的
な開拓期はすでに終わりを告げ、今後は理論、合成両面
にわたる精密化"と誘導体化学の時代であるとみること
もできるであろう。

　今後の芳香族性に関する化学がさらに興味深い展開を
示すであろうことは疑いないが、ここで Hückel 則を
離れてまったく新しい芳香族性の出現する余地はないか
どうかもう一度考えてみることにしよう。

　一つの考え方として「次元の拡大」をあげることがで

* OSAWA Eiji 北海道大学助教授(理学部)　工博

化学　第25巻　第9号

2-3　corannulene

多数のベンゼン環の縮合した型のいわゆる "縮合多環
式芳香族炭化水素" は典型的な平面分子である。これら
の代表的なベンゼノイド芳香族が球状分子の型をとった
なら超芳香族性を示さないだろうか？　たとえばサッカ
ーの公式ボールの表面に描かれている幾何模様を思い浮
かべてみよう。それは正多面体として cube のつぎに小
さな正二十面体 (eicosahedron) (12)の頂点を全部切り
落として正五角形を出したもので、truncated eicosahedron とでも称されるべき美しい多面体である(13)。
図ではわかりにくいところもあるので、もし手もとにサ
ッカーボールがあれば手にとってながめていただくとは
っきりするが、五角形(黒く塗ってある)の間には規則正
しく六角形がうずまっている。一見これらの成分多角形
はたいして曲がってもいないし、各辺はすべて同じ長さ
にすることができる。もしこれらの頂点を全部 sp^2 炭素

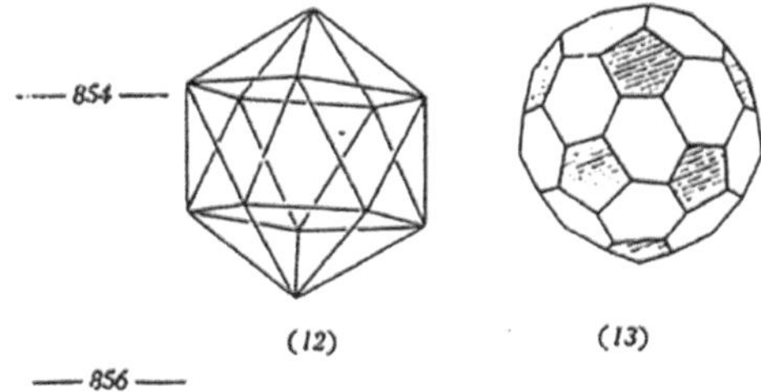

Abb. 3.1   Osawas Publikation über Fullerene in der japanischen Zeitschrift Kagaku
25,843 (1970)

Die Wahrscheinlichkeit, dass Ihr Artikel angenommen wird steigt, wenn er
von Anfang an im entsprechenden Stil geschrieben wurde.

Neue oder etablierte Zeitschrift? Wenn Sie sich für eine neue oder kleinere Zeitschrift entscheiden, die noch um Artikel werben muss, dann ist
die Annahmewahrscheinlichkeit höher. Doch derartige Zeitschriften haben

eine geringere Verbreitung. Demzufolge wird Ihr Artikel nicht so oft gelesen, beachtet und weniger häufig zitiert werden.

Ein Bekannter des Autors wurde gewonnen, einen Artikel in einer neu gegründeten Zeitschrift zu publizieren. Er war froh darüber, dass dies der meistzitierte Artikel dieser Zeitschrift war, bis er schließlich mit einem Editor der führenden Physik-Zeitschrift *Physical Review Letters* sprach, der ihm sagte: „Wenn Sie Ihren Artikel in unserer Zeitschrift publiziert hätten, wäre er zehnmal häufiger zitiert worden."

Rückweisungsrate

Wenn Sie Ihren Artikel an eine führende und hoch zitierte Zeitschrift senden, dann müssen Sie einkalkulieren, dass er nicht angenommen wird. Diesen Zeitschriften werden viel mehr Artikel angeboten, als sie publizieren können. Die führenden Physikzeitschriften, wie z. B. *Physical Review* oder *European Physical Journal,* nehmen nur etwa 30 % der eingereichten Artikel zum Publizieren an. Bei *Nature* oder *Science* sind es gar nur ca. 5 %. Und selbst wenn der Artikel angenommen wird, kann es passieren, dass Sie aufgefordert werden, umfangreiche Korrekturen einzuarbeiten. Doch seien Sie sich bewusst: Auch die führenden Zeitschriften müssen ihre Seiten füllen.

Andere Faktoren

Durch die Entscheidung über *short note* oder Originalarbeit wird das mögliche Zeitschriftenspektrum eingegrenzt, da manche Zeitschriften ausschließlich *short notes* oder nur Originalarbeiten publizieren, während es auch Zeitschriften gibt, die eine Mischung aus beiden Kategorien plus Übersichtsartikel publizieren.

Eine weitere zu treffende Entscheidung ist, ob Sie Ihren Artikel in einer spezialisierten wissenschaftlichen Zeitschrift herausbringen möchten, wie z. B. *Progress in Statistical Hydrodynamics,* in einer Zeitschrift, die das gesamte Spektrum einer Disziplin abdeckt, wie z. B. *Physical Review Letters* für Physik, oder gar an eine Zeitschrift denken, die das Gesamtgebiet der Naturwissenschaften abdeckt, wie z. B. *Nature* oder *Science.* Die letzteren allgemeinen Zeitschriften sollten Sie jedoch nur dann in Betracht ziehen, wenn Ihre Ergebnisse weit über Ihr engeres Forschungsgebiet hinausstrahlen und von breitem Interesse sind.

Open Access-Zeitschriften

Seit ca. 2005 wurde der Weg eröffnet, Artikel für alle interessierten Leser in Open Access-Zeitschriften zugreifbar zu haben und nicht nur an den Einrichtungen, die die Bezahlzeitschriften abonniert haben. Viele Wissenschaftler und forschungsfördernden Einrichtungen sind sehr daran interessiert, auf diese Weise die Ergebnisse einem noch breiteren Interessentenkreis zugänglich zu machen. Es gibt solche Zeitschriften auf allen Forschungsgebieten.

Das Einreichen und Prüfen der Artikel durch *peer reviewing* läuft hier genauso ab wie bei den konventionellen Zeitschriften.

Anfangs gab es Bestrebungen, dass wissenschaftliche Gesellschaften diese Online-Zeitschriften herausgeben. Doch da der Aufwand und die Kosten für das Publizieren von Open Access-Zeitschriften vergleichbar mit den Kosten der konventionellen Zeitschriften sind, war auf Dauer der einzige Weg, dieses Feld den Verlagen zu überlassen. Um die Produktionskosten zu decken, müssen hier nicht Bibliotheken wie bei konventionellen Zeitschriften dafür aufkommen, sondern die publizierenden Autoren bzw. deren Einrichtungen. Die Publikationskosten je Artikel liegen bei 1000–3000 EUR in Abhängigkeit von der Zeitschrift. Aus diesem Grund sind auch bei der Vergabe von Fördergeldern für Wissenschaftsprojekte oftmals die Publikationskosten darin einbegriffen.

Da diese Gelder jedoch nicht überall zur Verfügung stehen, werden nach wie vor die meisten Artikel noch bei den etablierten anderen Zeitschriften eingereicht und publiziert.

3.1.3 Zitierungshäufigkeit und *impact factor*

Ein wesentliches Kriterium für die Auswahl einer Zeitschrift für das Publizieren des eigenen Artikels ist die Zitierungshäufigkeit. Die durchschnittliche Zitierungshäufigkeit je Artikel wird *impact factor* genannt. Während der *impact factor* von *Nature* und *Science* in Abhängigkeit vom Jahr bei 20–30 lag, ist er bei den anderen führenden Zeitschriften im Allgemeinen unter 10. Um eine möglichst große Bekanntheit der eigenen Arbeiten zu erreichen, wird deshalb angestrebt, in den Zeitschriften mit dem höchsten *impact factor* zu publizieren.

Als Kriterium für den Publikationserfolg eines Wissenschaftlers dient der sogenannte Hirsch-Faktor oder H-Index. Er wird bestimmt, indem die Zitierungshäufigkeit der Publikationen wie in Abb. 3.2 aufgetragen wird. Der sich daraus ergebende gewichtete Mittelwert, bei dem Zitierungshäufigkeit und Nummer der Arbeit identisch sind, wird Hirsch-Faktor genannt.

Dieser liegt beim durchschnittlichen Wissenschaftler bei 20–30. Herausragende Forscher mit bahnbrechenden Arbeiten überschreiten auch 100.

In manchen Ländern und Forschungseinrichtungen wird der Hirsch-Faktor als ein weiteres Bewertungssystem der Publikationen zur Einschätzung

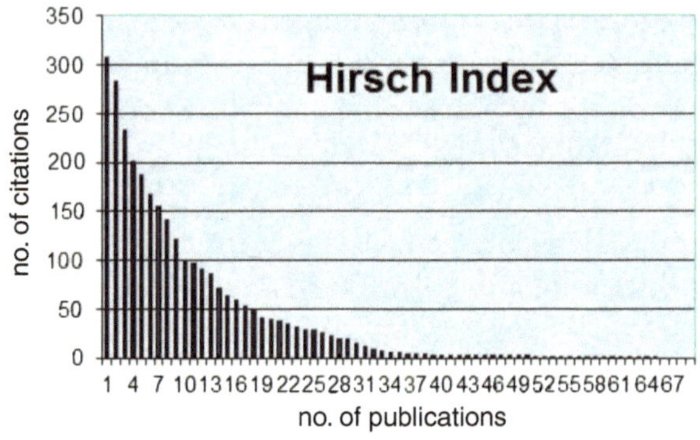

Abb. 3.2 Ermittlung des Hirsch-Faktors

des wissenschaftlichen Werts der Arbeit von Forschern herangezogen und ist auch ein Kriterium für die Vergabe von Forschungsgeldern, Prämien, Professuren und das Vorankommen auf dem *tenure track*. In China werden dafür beispielsweise die *impact*-Faktoren der Zeitschriften der einzelnen Artikel je Forscher aufaddiert.

Damit wird das Publizieren möglichst vieler Artikel in den führenden wissenschaftlichen Zeitschriften stark stimuliert. Alle Wissenschaftler müssen dem Slogan „*publish or perish*" folgen, also publiziere oder gehe unter.

3.1.4 Wer sollte als Autoren aufgeführt werden?

Autorenanzahl

Grundlegend gilt, dass jeder, der einen wesentlichen Beitrag zur Gewinnung der vorzustellenden Ergebnisse geliefert hat, auch als Autor der betreffenden Publikation erscheinen sollte. Dies betrifft sowohl die Gewinnung experimenteller Ergebnisse als auch deren Interpretation. Manchmal ist die Entscheidung grenzwertig und nicht so einfach zu treffen. Wie steht es um denjenigen, der die Idee für das Experiment oder die Berechnungen hatte, aber letztendlich nicht selbst daran beteiligt war, oder um den Techniker, ohne den das Experiment nicht zum Laufen gekommen wäre? Sollte der Chef der Forschungsgruppe, der die Projektgelder organisierte und immer hilfreich zur Diskussion bereitstand, Co-Autor werden, auch wenn er nicht direkt in die Arbeiten involviert war? Oder wie ist mit dem Kollegen zu verfahren, der in der Diskussion die Idee für den entscheidenden Lösungsansatz hatte?

Normalerweise wird die Autorenanzahl auf ein Minimum beschränkt, und zwar auf diejenigen, die von Anfang bis Ende an den Arbeiten beteiligt waren und die alles erklären können, falls notwendig. Die Zuarbeit der anderen Kollegen, die irgendwelche kleineren Beiträge geliefert haben, sollte am Ende des Artikels in der Anerkennung *(acknowledgement)* erwähnt werden.

In manchen Einrichtungen gibt es andere Regeln. Dort ist der Chef immer Co-Autor aller Publikationen seiner Gruppe oder seines Instituts. Doch es gibt auch Chefs mit einem wissenschaftlich korrekteren Vorgehen, die sagen, sie möchten nicht als Co-Autoren von Publikationen erscheinen, zu denen sie keinen wesentlichen Beitrag geleistet haben. Solche wesentlichen Beiträge können das Organisieren des Projekts und die Teilnahme an der Interpretation der Ergebnisse sein. Bei manchen Projekten mit vielen Mitarbeitern, z. B. bei großen kernphysikalischen Kooperationen zahlreicher Gruppen, kann die Autorenliste bis zu 100 Namen enthalten. Die Entscheidung darüber, wer davon schließlich den Nobelpreis erhalten sollte, ist dann nicht immer ganz einfach, wie z. B. beim Higgs-Boson.

Bei einigen Projekten ist es Bedingung, dass der Projektdirektor als Co-Autor auftauchen muss, damit die Publikation für das Projekt anerkannt wird. Und wenn Sie berechtigte Hoffnungen auf eine Projektverlängerung hegen, ist es empfehlenswert, diesen Regeln zu folgen.

Autorenreihenfolge

Nachdem über die Autorenzahl der Publikation entschieden wurde, kann die Festlegung ihrer Reihenfolge eine delikate Frage werden. Es ist eine weitgehend akzeptierte faire Regel, dass derjenige, der den Hauptanteil am Ergebnis der Publikation hat, auch als Erstautor genannt wird. Diese Entscheidung beinhaltet die Frage, wie die einzelnen Beiträge bewertet werden sollten. Was ist als Hauptbeitrag einzuschätzen – die ursprüngliche Idee für das Experiment, der größte Anteil an der Durchführung der Experimente, die Interpretation scheinbar widersprüchlicher Ergebnisse, die kohärente Ergebnisdarstellung beim Verfassen der Publikation? Da diese Beiträge oft über verschiedene Kollegen verteilt sind, kommt es nicht selten vor, dass nicht jeder mit der letztlich festgelegten Autorenreihenfolge glücklich ist. Wenn sich die Autoren untereinander nicht einigen können, muss diese Entscheidung manchmal einem als Schiedsrichter anerkannten Außenstehenden überlassen werden, z. B. dem Chef der Gruppe, unabhängig davon, ob er selbst Co-Autor ist.

In einigen Einrichtungen herrschen ganz andere Regeln. Dort ist der Chef immer Erstautor, unabhängig von seinem Beitrag. Andernorts machen gelegentlich Kollegen von ihrer disziplinarischen Gewalt Gebrauch und setzen sich als Erstautoren oder Co-Autoren ein. Dazu werden auch manchmal

Publikationen von den erfahreneren Co-Autoren geschrieben. Ich habe jedoch auch Freunde, die Direktoren größerer Institute sind und sagen:

> Ich schreibe sämtliche Publikationen meiner Doktoranden noch einmal, mache mich jedoch nie zum Erst- oder Zweitautor, immer zum letzten. Die Hauptarbeit ist die Produktion der wissenschaftlichen Ergebnisse und nicht ihre Darstellung. Deshalb überlasse ich die Hauptanerkennung demjenigen, der die Hauptarbeit gemacht hat. Es spielt keine Rolle, dass Insider vielleicht erkennen, wer den Artikel geschrieben hat.

Dies ist ein für junge Wissenschaftler förderndes Verhalten, weil sie dadurch selbst die volle Wertschätzung für ihre Arbeiten erhalten.

Bei manchen Institutionen, wo es sich öfter als schwierig erwies, die Beiträge der einzelnen Co-Autoren gegeneinander adäquat abzuwägen, wurde festgelegt, die Autoren einfach in alphabetischer Reihenfolge aufzuführen. Doch dies kann zum Nachteil des Kollegen entarten, dessen Name am Ende des Alphabets steht und der die Hauptarbeit geleistet hat. Denn wenn eine Publikation mehr als drei Autoren hat, dann wird sie oftmals nur mit dem Namen des ersten Autors zitiert, und danach steht et al. So kann es passieren, dass der Name des Schlüsselautors anonym untergeht und beim Lesen des Zitats kaum mit seiner Arbeit in Verbindung gebracht wird. Total verärgert über diese Praxis zog eine ambitionierte Associate Professorin der University of California LA die Notbremse. Sie ließ vom Standesamt den ersten Buchstaben ihres Namen „Yard" löschen und wurde danach mit dem neuen Namen „Ard" zur Erstautorin der Publikationen ihres Instituts.

Gegen die an Instituten etablierten Regeln kann jedoch kaum etwas unternommen werden. Man muss sie halt akzeptieren; und um Probleme damit zu vermeiden, sollte versucht werden, die Co-Autorenzahl zu minimieren. Bei geringer Co-Autorenzahl und klar abgegrenzten Beiträgen kann man dann versuchen, die Autorenreihenfolge entsprechend der Wichtigkeit der Beiträge zu ordnen.

Geisterautoren

Es kommt nicht selten vor, dass ein ausgewiesener Wissenschaftler von einem jüngeren Kollegen gebeten wird, als Co-Autor aufzutreten, selbst wenn er mit den vorzustellenden Arbeiten überhaupt nichts zu tun hat, um der Publikation dadurch mehr Gewicht zu geben. Das Hinzufügen eines großen Namens geschieht mit der Absicht, die Akzeptanzwahrscheinlichkeit für den Artikel bei einer führenden Zeitschrift zu erhöhen. Doch sollten Sie diesen Weg gehen, dann ist es eine unumgängliche Bedingung, dass der betreffende Kollege zumindest vorher darüber informiert wurde und zugestimmt hat. Jeder als Co-Autor genannte Kollege muss die Arbeit vorher gelesen und akzeptiert haben, bevor sie eingereicht wird. Oder möchten Sie in der nächsten Ausgabe der Zeitschrift lesen: „Ich verwahre mich dagegen, als Co-Autor dieses dubiösen Artikels genannt zu werden, den ich vorher nicht kannte." Deshalb ist von einer solchen Praxis abzuraten.

Auch werden gelegentlich bestimmte Deals gemacht, dass jemand Co-Autor, Erstautor oder gar nicht Autor einer Publikation wird und damit der gesamte Ruhm auf andere Kollegen übertragen wird. Der extremste Fall, den ich zum Abtreten von wissenschaftlicher Anerkennung kenne, ist der eines russischen Doktoranden, der aufgefordert wurde, seine fertige Promotion dem Sohn eines Ministers zu überlassen, da er doch ein so helles Kerlchen sei, dass er ohne Weiteres rasch noch eine zweite Promotionsschrift zustande bringen könnte. Es wurde ihm versprochen, dass der damit verbundene Zeitverlust beim Durchlaufen der wissenschaftlichen Karriere später über-kompensiert werden sollte. Im Jahr darauf wurde ihm das Einreichen einer „Leichtversion" einer weiteren Dissertation erlaubt, und er erfuhr bald danach eine rasche Beförderung zum Professor.

3.1.5 Verfassen von Mehrautoren-Publikationen

Seien Sie sich bewusst, dass Co-Autorenschaft nicht zwangsläufig beinhaltet, am Schreiben der Publikation beteiligt zu sein. Die Co-Autorenschaft kann auch auf dem Liefern von wesentlichen Ideen oder der Beteiligung an den Experimenten oder Rechnungen beruhen. Doch muss jeder Co-Autor die Gelegenheit erhalten, den Artikel zu lesen und seine Verbesserungs-vorschläge und Wünsche einzubringen. Alle Co-Autoren haben der einzu-reichenden Variante des Artikels zuzustimmen.

Wie sollte bei mehreren Co-Autoren das Schreiben am effektivsten orga-nisiert werden? Ist es eine gute Idee, gleichzeitig alle Beteiligten an vorher vereinbarten, unterschiedlichen Teilen des Artikels schreiben zu lassen? Wenn dann versucht wird, diese Fragmente zusammenzufügen, kann es wie beim Turmbau von Babel kommen: Es zeigt sich, dass das Gesamtwerk äußerst inkohärent ist, weil jeder seinen eigenen Stil hatte.

Der effektivste Weg ist, einen Kollegen zu bestimmen, normalerweise den Schlüsselautor, der den ersten Entwurf der Publikation verfasst. Falls der Artikel zwei voneinander stark abgegrenzte Teile enthält, einen theoreti-schen und einen experimentellen Teil, können auch ein Theoretiker und ein Experimentator gleichzeitig zu schreiben beginnen. Sobald dieser Entwurf vorliegt, sollten die andern Co-Autoren Schritt für Schritt die Publikation überarbeiten. So entsteht letztendlich eine Arbeit, die wie aus einem Guss wirkt und mit der schließlich alle Beteiligten zufrieden sind.

Doch nun greife ich schon fast zu weit voraus. Nachdem über die Co-Autoren entschieden ist, sollte zuerst der Inhalt detailliert geplant werden.

3.1.6 Planung und Vorbereitung des Inhalts einer Publikation

Mit der Aufgabe konfrontiert, eine Publikation verfassen zu müssen, kommen manche Leute ins Schwitzen. Sie wissen nicht, womit zu beginnen ist, widmen sich einzelnen Daten, vergleichen sie mit anderen Ergebnissen, lesen und zitieren verwandte Artikel, schreiben ein paar Zeilen, schreiben etwas über das Experiment, fragen sich entnervt, wo sie die Daten von den Kontrollexperimenten vergraben haben … Diese Vorgehensweise kann als der Weg benannt werden, „lass uns sehen, wohin das Ganze führen wird".

Viel effektiver ist es, sich vorher über das Vorgehen Gedanken zu machen. Es ist möglich, dass sich das Konzept und vielleicht sogar das Ziel im Prozess der Vorbereitung ändern, weil einem neue Ideen kommen oder neue Ergebnisse zum Vorschein kommen. Doch Sie sollten immer einen klaren Plan haben.

Auf der eigenen Erfahrung und der vieler Freunde und Kollegen basierend möchte ich Ihnen den im Folgenden beschriebenen Weg empfehlen. Er besteht aus verschiedenen Schritten, die der Reihe nach gegangen werden sollten. Zuallererst muss klar sein, welches experimentelle oder theoretische Thema Sie behandeln wollen. Bitte beachten Sie, dass für Artikel, die ausschließlich Text oder Mathematik beinhalten, was nur eine Minderzahl naturwissenschaftlicher Artikel betrifft, die Vorbereitungsprozedur mit Schritt V beginnt.

I. Zusammenstellung der Daten und Ergebnisse
   Zu Beginn müssen alle zu benutzenden Untersuchungen ausgewertet worden sein. Dies sind die Rohdaten, mit denen Sie arbeiten werden. In diesem Prozess wird Ihnen vielleicht bewusst, welche weiteren Daten noch fehlen. Schließen Sie diese Lücken. Eventuell erweist es sich als notwendig, nochmals ins Labor oder an den Computer zurückzugehen, um an die noch fehlenden Informationen zu gelangen.

II. Auswahl der darzustellenden Ergebnisse
   Anhand der vielen Ergebnisse und Computerausdrucke werden Sie vielleicht sehen, dass dies viel zu viel Material für die Aufnahme in eine Publikation ist. In diesem Fall muss der nächste Schritt die Auswahl der wesentlichen Ergebnisse sein.

III. Erstellen der Abbildungen

Viele erfahrene Wissenschaftler empfehlen als nächsten Schritt das Erstellen der Abbildungen und Tabellen. Speziell bei experimentellen Publikationen enthalten die Abbildungen oft ebenso viel oder gar mehr Information als der Text. Deshalb sollten Sie die Bedeutung der Abbildungen nicht unterschätzen und diese nicht allein als schmückendes Beiwerk betrachten. Es ist immer viel besser, Ergebnisse grafisch in Form von Abbildungen zu präsentieren, als tabellarisch lange Zahlenkolonnen aufzuzeigen. Versuchen Sie immer, Ihre Ergebnisse so weit wie möglich zu visualisieren.

Wenn Sie die Ergebnisse darstellen wollen, müssen Sie sich überlegen, welcher Parameter am besten mit welchem anderen Parameter korreliert und in welcher Darstellungsart der Effekt am aussagekräftigsten hervorzuheben ist: linear, halblogarithmisch oder doppelt logarithmisch. Oder sind Balken-, Kreisdiagramme oder dreidimensionale Darstellungen am angebrachtesten? Um den Betrachter nicht zu überfordern, überladen Sie die Abbildungen inhaltlich nicht. Generell sollte eine Abbildung nur einen wesentlichen Zusammenhang zum Ausdruck bringen.

Am besten bereiten Sie nach Vorliegen aller Daten die Abbildung gleich in der endgültigen, im Artikel zu benutzenden perfekten Form vor. Dann ist dieser Teil der Vorbereitung bereits abgeschlossen.

Was ist bei der Erstellung der Abbildungen zu beachten? Am Beispiel von Abb. 3.3 will ich dies erläutern.

- Alle Abbildungen sollten klar aufgebaut und instruktiv sein.
- Um ein verwirrendes Überladen von Abbildungsinhalten zu vermeiden, ist es manchmal didaktisch besser, mehrere verschiedene Abbildungen zu planen.
- Die Abbildung sollte nicht nur zwei Pfeile als Achsen enthalten, sondern besser einen Rahmen.
- Die Einheitenstriche sollten im Rahmen auf allen vier Seiten eingezeichnet sein, besser innen als außen.
- Der Rahmen und die Linien in der Abbildung müssen eine angemessene Stärke bekommen, d. h. nicht schwer erkennbar durch zu dünne Linienstärke sein (mindestens 0,2 mm), aber auch nicht wie ein Trauerrahmen wirken.
- Falls die Abbildung unterschiedliche Kurven enthält, sollten diese speziell bei Überlappung durch unterschiedliche Linienarten und Symbole für die Daten unterschieden werden.

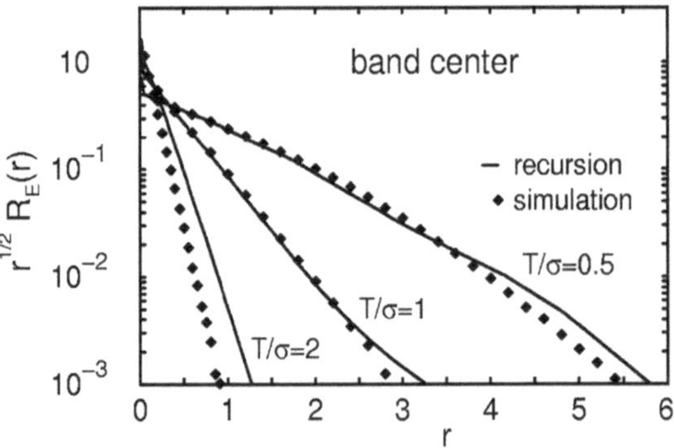

Abb. 3.3   Musterabbildung für den Rahmen um das Bild

- Die Abbildung muss eine angemessene Größe haben. Sie darf nicht wie eine Briefmarke nur mit der Lupe erkennbar sein, aber auch nicht in der Dimension wirken, als ob es die Absicht des Autors sei, Platz zu schinden.
- Die Achsen müssen benannt sein, entweder mit Symbolen, die im Abbildungstext
- zu erläutern sind, oder mit ausgeschriebenen Begriffen. Auch sollte nicht vergessen werden, an den Einheitenstrichen Zahlen einzusetzen oder zumindest als Zusatz „willkürliche Einheiten" anzugeben. Die Einheiten sind in runde Klammern zu setzen, z. B. (Hz).
- Um Text und Zahlen an den Achsen der Abbildung selbst lesbar zu gestalten, darf eine Schriftgröße von 9 Punkt nicht unterschritten werden.
- Als schematische Illustration von Experimenten sind Inserts, kleinere in die Abbildung gesetzte Bilder, geeignet.
  Falls es möglich ist, erweist es sich als günstig, eine Schlüsselabbildung für einen Artikel zu haben. Dies kann eine systematisierende und vergleichende Darstellung der wesentlichsten Ergebnisse oder eine abgeleitete Darstellung sein. Viele berühmte und bahnbrechende Publikationen haben eine solche Schlüsselabbildung, z. B. die mit dem Nobelpreis ausgezeichnete Arbeit von Klaus von Klitzing [33].

IV. Abbildungstexte

Die Abbildungstexte müssen so kurz und informativ wie möglich sein. Sie sollen nur eine Aussage zum Verstehen des Abbildungsinhalts enthalten, angeben, was auf den Achsen dargestellt ist, sowie gebrauchte Abkürzungen, Symbole, Zeichen und die Linien der verschiedenen Kurven erläutern. Keinesfalls dürfen sie eine Diskussion der Kurven enthalten. Dies hat im fortlaufenden Text zu geschehen.

V. Die Hauptbotschaft definieren
Wenn Sie nun alle Ergebnisse in aufbereiteter Form vorliegen haben, wird Ihnen klar, was der Hauptinhalt Ihrer Arbeit ist. Sie sollten sich nun Gedanken darüber machen, was die wesentliche Botschaft Ihres Artikels sein soll. Dafür ist es nützlich, einen ersten Entwurf der Schlussfolgerungen aufzuschreiben, d. h. des Endes Ihres Artikels. Auch wenn Sie diese Schlussfolgerungen vielleicht nach dem Schreiben des Artikels noch einmal etwas modifizieren, hilft es Ihnen, das Ziel des Artikels beim Schreiben klar vor Augen zu haben, um den Leser gezielt zu der Botschaft Ihres Artikels zu führen.

VI. Das Skelett des Artikels aufbauen
Nun sollte über den formalen Aufbau der Publikation entschieden werden (detaillierte Diskussion in Abschn. 3.3). Schreiben Sie eine kurze Übersicht über den Inhalt und halten Sie die im Wesentlichen zu diskutierenden Sachverhalte fest. Auch dieses Skelett wird sich vielleicht während des Prozesses des Schreibens noch ändern. Es hilft jedoch, Logik und Struktur in die Darlegungen zu bringen. Zusätzlich sollten die aufkommenden Gedanken zu den einzelnen Teilen der Publikation aufgeschrieben werden, bevor sie vielleicht wieder entschwinden.
Dieser Plan sollte vor dem Beginn des Schreibens mit allen Co-Autoren abgeglichen werden. Dazu gehören auch die Auswahl der zu benutzenden Abbildungen und die Diskussion über die Schlussfolgerungen.

VII. Auswahl der zu zitierenden Literatur
Vielleicht sind Sie bereits bestens über den Stand des Wissens auf ihrem Gebiet informiert und haben alle einschlägigen Publikationen anderer Kollegen gesammelt. Dann müssen Sie die zu verwendenden Literaturquellen nur noch aus Ihrer reichen Kollektion auswählen. Andernfalls rate ich in diesem Stadium, also unmittelbar vor Beginn des Verfassens der Publikation, zu einer gründlichen Literaturrecherche. Denn Sie wollen doch schließlich keinen uninformierten Eindruck machen. Selbst wenn Sie schon eine Vielzahl relevanter und zu zitierender Artikel gesammelt haben, ist es nicht verkehrt, noch einmal in Datenbanken oder den elektronischen Versionen von Zeitschriften zu recherchieren, ob keine wesentlichen Artikel übersehen wurden. Hierfür ist es äußerst hilfreich, dass die internationalen Verlage inzwischen auch die älteren Ausgaben ihrer Zeitschriften, die nur in Papierform erschienen, retrodigitalisiert haben und somit elektronisch zur Verfügung stellen. Eventuell finden Sie bei einer solchen Suche unerwartete Schätze.

Was sollten Sie zitieren?

Zuallererst sollten die grundlegenden und vielleicht bereits historischen Arbeiten zitiert werden, die das Gebiet begründeten. Die bahnbrechenden weiteren Arbeiten, die für den Fortschritt des Gebiets sorgten, dürfen nicht vergessen werden. Auch ist es nützlich, Übersichtsartikel, die das gesamte Gebiet darstellen, zu erwähnen. Dies erleichtert Neulingen den besseren Einstieg. Als Nächstes sind diejenigen Arbeiten zu besprechen, auf denen Sie direkt aufbauen. Die dort noch offen gebliebenen Fragen, die Sie beantworten werden, sind dabei herauszuarbeiten. Oder Sie diskutieren einander widersprechende Arbeiten, deren Widersprüche Sie aufklären. In der Diskussion Ihrer Ergebnisse werden Sie sich zur Interpretation auf diesbezügliche Arbeiten stützen. Da die Zahl der Literaturangaben nicht beliebig hoch sein kann, sollten vorrangig die wesentlichen Arbeiten zitiert werden und nicht alle möglichen unbedeutenden Arbeiten.

Sie sollten alle zitierten Arbeiten auch wirklich gelesen haben und nicht nur Quellen aus anderen Publikationen übernehmen. Denn es könnte in einem anderen Artikel das Zitat sinnentstellend diskutiert sein, oder der Name des Autors, die Seitenzahl oder das Erscheinungsjahr des Artikels sind falsch geschrieben. Dann sieht jeder Kenner sofort, dass Sie den Artikel nie gelesen und das bereits vorher inkorrekte Zitat nur gestohlen haben. Aus diesem Grund wird bei vielen Universitäten gefordert, dass in wissenschaftlichen Qualifizierungsarbeiten nicht nur die erste, sondern auch die letzte Seite eines Zitats anzugeben ist.

VIII. Der Umgang mit den Literaturquellen wird für Sie einfacher, wenn Sie alle zu zitierenden Artikel auf Ihrem Computer oder als Ausdruck bzw. Kopie vorliegen haben.

IX. Den Text schreiben

Sie haben inzwischen alle zu benutzenden Abbildungen und Literaturquellen zur Verfügung. Wenn Sie nun die Abbildungen in der richtigen Reihenfolge ihrer Benutzung anordnen und dazwischen die zu zitierenden Arbeiten an den richtigen Stellen einordnen, dann liegt der Kerninhalt Ihrer Publikation ausgebreitet vor Ihnen. Haben Sie jetzt außerdem Ihre fragmentarisch festgehaltenen Gedankensplitter und partiellen Diskussionsentwürfe in das Puzzle vor Ihnen eingeordnet, dann erhebt sich langsam das Bild der Gesamtpublikation aus dem Nebel; und Sie werden überrascht sein, dass ein Großteil der Arbeit offenbar schon getan ist.

Das Schreiben der Publikation, was den meisten Leuten als ungeheuer schwierig erscheint, wird für Sie dann ein überraschend geradliniger, zügiger und einfacher Prozess sein. In Abschn. 3.2 und 3.4 werden die Fragen eines guten wissenschaftlichen Schreibstils, des geeigneten Strukturierens einer Publikation und einige formale, mit dem wissenschaftlichen Publizieren verbundene Fragen eingehender besprochen.

X. Den Text überarbeiten und verbessern

Nachdem Sie versucht haben, alles so überzeugend wie möglich aufzuschreiben, werden Sie bei nochmaligem Lesen eventuell feststellen, dass Sie damit doch noch nicht vollständig zufrieden sind oder dass ein schlüssiger Beweis noch fehlt. Dies kann zur Notwendigkeit des Neuschreibens oder weiterer Experimente und Berechnungen führen. Oder Sie müssen die wissenschaftliche Fachliteratur und andere Kollegen noch intensiver konsultieren, was wahrscheinlich zu einer verzögerten Fertigstellung der Publikation führen wird. Doch lassen Sie sich davon nicht entmutigen. Es ist normal, dass man bei der Annäherung an ein heiß ersehntes Ziel trotz intensivster Arbeit oft den Eindruck gewinnt, der Abstand würde nicht geringer werden. Wenn Sie weiterhin intensiv arbeiten, werden Sie auch diese Probleme bewältigen.

Es ist ein bekanntes Phänomen, auf unerwartete, noch offen gebliebene Fragen zu stoßen, wenn man versucht, ein Problem zusammenhängend und überzeugend darzustellen, weil man dann weniger leichtfertig über scheinbar Bekanntes hinweggeht. Auf diese Weise erreichen Sie ein tiefer gehendes Verständnis. Wenn Sie genötigt sind, Ihre Ergebnisse detailliert zu erklären, entweder in einem Artikel, einem Vortrag, einer Vorlesung oder einem Seminar, werden Sie rasch erkennen, ob Ihre Erklärungen verständlich dargelegt werden können oder nicht. Probleme dabei sind oftmals ein Indikator für unvollständige eigene Erkenntnis.

Wenn Sie diesen Fragen nachgehen, werden Sie oft zu neuen Einsichten gelangen und neue Querverbindungen erkennen. Oder Sie stoßen auf offene Fragen, die in der Zukunft zu beantworten sind. Auf diese Weise kann die Vorbereitung einer Publikation zu weit über die Darstellung der gegenwärtigen Ergebnisse hinausreichenden Konsequenzen führen und ein hoch kreativer Prozess sein.

Doch endlich werden Sie einen ersten Entwurf verfasst haben, mit dem Sie zufrieden sind. Wenn Sie Co-Autoren haben, ist dies nun der Zeitpunkt, mit ihnen die weitere Verbesserung der Arbeit zu besprechen bzw. deren Zustimmung zum Publikationsentwurf einzuholen. Normalerweise werden dann zumindest kleinere Korrekturen vorgeschlagen, und mehrere Iterationen werden notwendig, bis jeder zufrieden ist.

Es ist auch hilfreich, erfahrenere ältere Kollegen, die gar nicht an den Arbeiten beteiligt waren, um ihren Kommentar zu bitten. Derartiges internes Begutachten und Kommentieren trägt zweifellos zur Verbesserung der Qualität der Publikation bei. Es hilft Ihnen, harsche Gutachterkommentare zu vermeiden und eine größere Wahrscheinlichkeit für die Annahme Ihres Artikels bei einer wissenschaftlichen Zeitschrift zu erreichen.

3.2   Schreibstil

3.2.1   Wer wird wo Ihren Artikel lesen?

Bevor Sie mit dem Schreiben beginnen, sollten Sie sich überlegen, für welche Leserschaft Sie zu schreiben gedenken. Davon sollte Ihr Schreibstil beeinflusst werden. Auch hängt damit die Frage zusammen, wie umfangreich Hintergrundinformationen und Grundlagen darzulegen sind. Ihr Artikel wird auf fruchtbareren Boden fallen, wenn er auf einem solchen Niveau geschrieben ist, dass die erwarteten Leser ihn verstehen können. Damit zusammenhängend ist die Frage nach der Wahl der Zeitschrift. Sie sollten sich bewusst sein, dass die verschiedenen Zeitschriften unterschiedliche Schreibstile haben. Spezialisierte Fachzeitschriften, die sich ausschließlich an Fachleute wenden, haben einen nüchterneren und wissenschaftlich oder technisch engeren Stil als populärere Zeitschriften, die für eine breitere Leserschaft publiziert werden, wie z. B. *Science* oder *Nature*. In diesen Zeitschriften werden Artikel auch von Nicht-Spezialisten gelesen, die einen breiteren Überblick gewinnen möchten. Um die darin beschriebenen Ergebnisse an der Vorderfront der Wissenschaft verstehen zu können, ist das verständliche Darlegen von Hintergründen und Grundlagen besonders wichtig. Auch ist die Sprache darin allgemeiner und die Terminologie weniger fachspezifisch.

3.2.2   Schreiben Sie klar, prägnant und logisch

Unabhängig von der Wahl der Zeitschrift sollte Ihr Stil so klar wie möglich sein. Wenn jeder zweite Satz nur verstanden werden kann, wenn in schwer zugänglichen Quellen nachgelesen wird, dann wird das Interesse an Ihrem Artikel auch unter Fachleuten rasch erlahmen. Im besten Fall wird sofort zu den Schlussfolgerungen am Ende ihrer Publikation übergegangen, um zu sehen, ob es tatsächlich irgendetwas Interessantes in diesem Artikel geben könnte, das unter dem Wust schwer nachvollziehbarer Informationen versteckt ist. Aus demselben Grund sollte Fachjargon, der sich wie Fachchinesisch liest, weitgehend vermieden werden. Dasselbe gilt für den exzessiven Gebrauch weitgehend unbekannter Abkürzungen. Diese müssen unbedingt bei der ersten Benutzung erläutert werden.

Sie sollten Ihre Arbeit logisch und kompakt beschreiben. Historische Erläuterungen über das Gebiet sollten in einem Zeitschriftenartikel auf ein Minimum reduziert werden. Das Einordnen Ihrer Arbeiten in einen größeren Rahmen sollte hierfür genügen. Der Darlegungsstil sollte außerdem didaktisch sein, was für Beiträge in Büchern besonders wichtig ist. Dies beinhaltet verständliche Erläuterungen und das überlegte Führen des Lesers, dass er nicht beim Nachvollziehen komplizierter Erläuterungen allein gelassen wird. Negativbeispiele dafür sind Mathematiklehrbücher, bei denen inmitten einer komplizierten Ableitung geschrieben steht „wie leicht gezeigt werden kann" – und es kostet den Leser letztendlich lange Zeit, das für den Mathematikprofessor leicht zu Zeigende nachzuvollziehen.

3.2.3 Wissenschaftlicher Ausdruck

In wissenschaftlichen Artikeln ist der Schreibstil einfacher und formaler als in Büchern, Zeitungsartikeln oder in der Alltagssprache. Dieser Stil hat sich gewissermaßen als Nebenprodukt des wissenschaftlichen Publizierens entwickelt. Ebenso wie der wissenschaftliche Arbeitsstil muss wissenschaftliches Schreiben logisch, klar, gut strukturiert und unmissverständlich sein. Das benutzte Vokabular ist nicht sehr umfangreich, weil die wissenschaftliche Terminologie wohl definiert und eher beschränkt ist. Einstein sagte einmal, dass er im wissenschaftlichen Englisch mit nur ungefähr 300 Worten auskam. Eine blumige Sprache, wie sie für Belletristik typisch ist, entspricht nicht dem wissenschaftlichen Stil. Wenn Sie nicht in Ihrer Muttersprache schreiben, ist es empfehlenswert, im Zweifelsfalle Wörterbücher, auch Fachwörterbücher, und den Rat von Kollegen mit besserer Fremdsprachenkenntnis heranzuziehen. Die Vertrautheit mit der wissenschaftlichen Literatur auf Ihrem Gebiet hilft Ihnen, die richtigen Fachbegriffe und Formulierungen zu wählen. Für einen Anfänger ist es auch nützlich, wesentliche Formulierungen aus anderen guten Publikationen für eventuelle spätere Benutzung festzuhalten. Allerdings dürfen nicht komplette Sätze kopiert werden. Lesen Sie herausragende wissenschaftliche Artikel von Englisch-Muttersprachlern nicht allein unter inhaltlichen Gesichtspunkten. Versuchen Sie auch, etwas über den Schreibstil und die Ausdrucksweise zu lernen. Seien Sie sich bewusst, dass Sie ein besserer Autor werden können, indem Sie ein aufmerksamerer Leser anderer Publikationen werden.

Wenn Sie Ihren Publikationsentwurf geschrieben haben, sollten Sie ihn vor der Einreichung mit Kollegen diskutieren, sowohl bezüglich des Inhalts als auch des Darbietungsstils. Es ist besser, die Kritik von wohlmeinenden Kollegen als von verärgerten Gutachtern zu erhalten. Sie sollten sicherstellen, dass Ihre guten Ergebnisse angemessen präsentiert werden und nicht in einem schlecht geschriebenen Artikel aus sekundären Gründen verrissen werden.

Wenn Sie in der Fremdsprache nicht absolut gewandt sind, ist es sicherer, sich einfacher auszudrücken. Konzentrieren Sie sich auf das Wesentliche und vermeiden Sie ins Abseits führende Detaildiskussionen. Die Hilfe von Kollegen mit exzellentem Englisch ist nützlich zur Sprachverbesserung und Annahme des Artikels.

Generell sollte ein unpersönlicher Stil bevorzugt werden. Bei Mehrautorenpublikationen kann man auch „wir" sagen, „ich" sollte vermieden werden. Anstelle von „ich fand" sollte besser gesagt werden „wir finden" oder „man findet". Die letztere Formulierung impliziert die Reproduzierbarkeit der Ergebnisse unabhängig davon, wer die Untersuchungen durchführt. Puristen würden eher einen unpersönlicheren Stil bevorzugen: „es wird gefunden, dass …". Durch eine derartige Formulierung wird jegliche individuelle Involvierung herausgenommen. Doch meiner Meinung nach ist dies etwas übertrieben. Man sollte die passive Form dort gebrauchen, wo sie angebracht ist, es aber damit nicht übertreiben.

3.2.4 Bedeutung von gutem Englisch

Falls Englisch nicht Ihre Muttersprache ist, Sie Ihren Artikel aber in einer internationalen englischsprachigen Zeitschrift publizieren möchten, stehen Sie einer weiteren Herausforderung gegenüber. Eine Mindestanforderung ist verständliches und weitgehend fehlerfreies Englisch, auch wenn Sie nicht die Vielfalt der Sprache ausschöpfen.

Nach unserer Erfahrung und der vieler befreundeter Gutachter in der Bearbeitung von Artikeln gibt es die gravierendsten Sprachprobleme bei chinesischen, russischen und japanischen Autoren. Obwohl oft aus den Abbildungen der Eindruck entsteht, dass die wissenschaftlichen Ergebnisse gut sein könnten, kommt es nicht selten vor, dass solche Artikel zurückgewiesen werden, weil der Gutachter aufgrund der schlechten Sprache einfach nicht versteht, was der Autor sagen möchte. Deshalb ist es sehr zu empfehlen, dass alle Nichtmuttersprachler ihre Artikel vor der Einreichung von Kollegen mit besseren Englischkenntnissen überprüfen lassen. Perfekteres Englisch im Artikel erhöht die Annahmewahrscheinlichkeit.

Was kann man als nicht Englisch-Muttersprachler tun, um bessere Artikel zu schreiben, außer einen Sprachkurs zu besuchen?

- Englische wissenschaftliche Sätze sollten kurz sein und normalerweise nicht mehr als 15–20 Worte umfassen.
- Vermeiden Sie eine verklausulierte Sprache mit Nebensatz im Nebensatz, wie es für die deutsche Sprache typisch ist.
- Ein Satz sollte nur einen Gedanken enthalten.
- Benutzen Sie einen aktiven Stil. Deutsche neigen zur Substantivierung von Verben, was die Sprache weniger aktiv erscheinen lässt.
- Versuchen Sie die nationaltypischen Fehler zu vermeiden, z. B. „falsche Freunde", d. h. Worte, die im Englischen wie im Deutschen klingen, aber eine andere Bedeutung haben, z. B. ist „prägnant" nicht „pregnant" im Englischen. Japaner verwechseln oftmals „r" und „l", da sie im Japanischen gleichlautend sind. Bei einer Konferenzankündigung in einer japanischen englischsprachigen Zeitschrift las ich z. B. „Blatisrava" anstelle von „Bratislava".

Letztendlich ist die Entwicklung eines guten englischen Schreibstils eine Sache der Übung. Um diesen Lernprozess zu beschleunigen, hilft es, viele gute Publikationen von Muttersprachlern bewusst unter stilistischen Gesichtspunkten zu lesen. Wollen Sie frustrierende Gutachterkommentare vermeiden, dann ist es zumindest bei Ihren ersten eigenen Publikationen sehr nützlich, den Rat erfahrenerer Kollegen einzuholen.

3.3 Struktur wissenschaftlicher Artikel

Für das Berichten über wissenschaftliche Ergebnisse in wissenschaftlichen Publikationen hat sich der folgende Stil weitgehend etabliert: Der Text beginnt mit einer „Einführung", wird fortgesetzt mit „Methoden" oder „Experiment", bevor der Hauptteil „Ergebnisse und Diskussion – oder in zwei Teile als „Ergebnisse" und „Diskussion" untergliedert – folgt, und endet mit einer „Zusammenfassung" oder „Schlussfolgerungen". Diese einfache Struktur hat sich während des letzten Jahrhunderts als Grundstruktur wissenschaftlicher Artikel oder Berichte eingebürgert und hängt auch mit der hierarchischen Denkstruktur in westlichen Ländern zusammen.

Westlicher Stil

Der westliche Schreibstil kann mit einem Baum verglichen werden. Es ist eine hierarchische und logische Reihenfolge von Erklärungen, wobei jede folgende Erklärung auf der vorangegangenen aufbaut. Es wird nichts diskutiert, was nicht zuvor erklärt wurde.

Wie ein Baumstamm steht am Anfang eine breite allgemeinere Einführung. Die nachfolgende Diskussion kann sich in verschiedene Richtungen hin entwickeln und sehr verästelt werden, wie die Zweige eines Baumes. Die Spitze der Baumkrone sind am Ende die Schlussfolgerungen, in denen die verschiedenen Verzweigungen der Diskussion schließlich wieder zusammengeführt werden (Abb. 3.4).

Traditioneller japanischer Stil

Als Professor der Kyoto University wurde ich häufig von Kollegen gebeten, deren Publikationsentwürfe zu prüfen und neu zu schreiben. Dabei wurde offenbar, dass die japanische Denkweise völlig anders als die westliche ist. Für Japaner sind Details viel bedeutender, wie auch in der japanischen Gartenkunst, im Verpacken von Geschenken oder im kunstvollen Servieren von Speisen zum Ausdruck kommt. Traditionell ist das japanische Denken nicht so hierarchisch strukturiert wie in westlichen Ländern. Japaner sammeln erst sämtliche Informationen und formen dann ihr Bild, unabhängig von der Reihenfolge, in der die Informationen eingingen. Dass die Reihenfolge des Informationsaufbaus eine untergeordnete Rolle in einem Artikel spielt, spiegelte sich oft in einer für westliches Denken nicht logischen

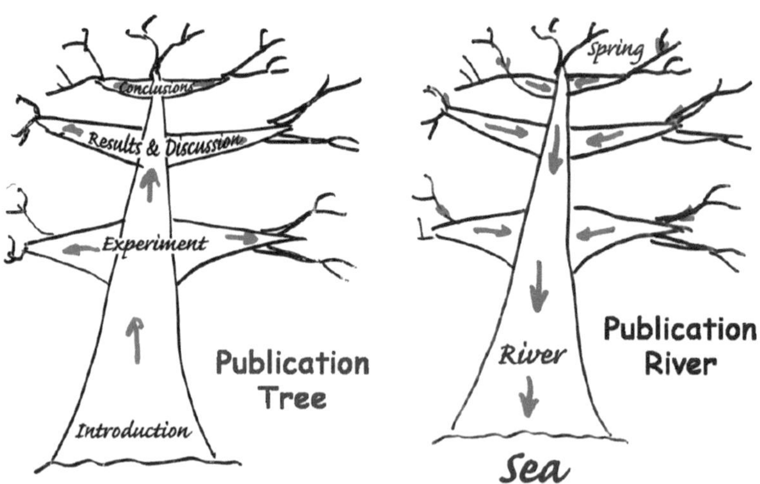

Abb. 3.4 Publikationsbaum und Publikationsfluss

Diskussionsfolge wider. Gelegentlich wurde mit noch unerklärten Details begonnen oder Schlussfolgerungen vor der Ergebnispräsentation dargeboten. Und dann wurde durch die nachfolgende Diskussion die anfängliche Behauptung erklärt. Daher kann es einem eher wie die Bildung eines Flusses vorkommen, der sich aus vielen kleinen Zuflüssen bildet, umgekehrt zur Struktur des Baumes, auch wenn es auf den ersten Blick von Weitem gleich aussieht.

Empfohlene Struktur und Stil

Im Folgenden wird die anfangs erwähnte Struktur detaillierter besprochen. Gegenüber der prinzipiell vorhandenen vier- oder fünfgliedrigen Grundstruktur kann die aktuelle Struktur noch feiner untergliedert sein. Das internationale Akzeptieren der Grundstruktur hat den Vorteil, dass die Wissenschaftler damit vertraut sind und dadurch in einer anerkannten strukturierten Weise miteinander kommunizieren können, gewissermaßen in einer „gemeinsamen Sprache". Mit Englisch als allgemein anerkannter Wissenschaftssprache und einem allgemein akzeptierten Stil und Publikationsaufbau wird Heisenbergs Vision von „Wissenschaft als ein Mittel, Verständnis zwischen den Menschen zu erzeugen" etwas wahrer.

Widmen wir uns nun näher den Elementen eines wissenschaftlichen Artikels. Für einige Artikel treffen zwar nicht alle der folgenden Aussagen zu, und in theoretischen Arbeiten wird „Experiment" durch „theoretische Methoden" ersetzt. Doch das meiste im Folgenden Gesagte gilt unabhängig von der Disziplin für alle Arten wissenschaftlicher Publikationen.

3.3.1 Titel

Der Titel sollte kurz, prägnant und informativ sein. Das Ziel ist es, die Aufmerksamkeit des potenziellen Lesers zu wecken. Wie gehen die meisten Leser wissenschaftlicher Zeitschriften und wahrscheinlich auch Sie beim Prüfen des Inhalts vor? Es wird das Inhaltsverzeichnis gelesen. Wenn ein Titel einem interessant vorkommt, schlägt man den Abstract auf. Eventuell werden danach auch noch die Schlussfolgerungen gelesen. Erst dann, wenn all dies interessant erscheint und für die eigene Arbeit nützlich zu sein verspricht, wird der komplette Text gelesen.

Falls ein Titel nicht interessant formuliert und zu lang ist, wird der Artikel schwerer die Aufmerksamkeit des Zeitschriftenlesers finden. Deshalb sollten Sie den Titel Ihres Artikels so kurz und ansprechend wie möglich und keinesfalls als Kurzform des Abstracts formulieren. Falls Sie mehrere Themen im Artikel behandeln, konzentrieren Sie sich nur auf das Hauptthema und nicht auf weniger bedeutende Facetten. Der Titel sollte möglichst nicht länger als eine Zeile sein und aktuelle, Aufmerksamkeit weckende Schlagworte enthalten. Überflüssige Formulierungen wie „Eine Studie von …" oder „… gemessen mit …" machen den Titel nicht interessanter.

Normalerweise muss man versuchen, einen Kompromiss zwischen Informationsgehalt und Kürze des Titels zu finden. Der endgültige Titel wird erst nach der vollständigen Ausformulierung des Artikels festgelegt. Vor Fertigstellung genügt ein Arbeitstitel.

Doch unterschätzen Sie nicht die Bedeutung der Wahl eines guten Titels. Ein illustratives Beispiel hierzu ist die Publikation von Klaus von Klitzing über die Entdeckung des Quanten-Hall-Effekts. Er hatte die Arbeit an die Zeitschrift *Physical Review Letters* geschickt. Doch sie wurde zurückgewiesen, weil der gewählte Titel den Gutachter nicht interessant genug erschien und sie darunter nicht sofort die Bedeutung der dargestellten Entdeckung erkannten. Glücklicherweise erhielt von Klitzing einen vertraulichen Hinweis, dass der Artikel mit einem besseren Titel doch noch zur Publikation angenommen werden könnte. Mit einem neuen Titel klappte es schließlich im zweiten Anlauf. Wenn von Klitzing nicht zutiefst von der Wichtigkeit seiner neuen Erkenntnis überzeugt gewesen wäre und alles unternommen hätte, diese Arbeit doch noch zu publizieren, dann hätte ein falsch gewählter Titel fast den Nobelpreis für ihn verhindern können.

3.3.2 Autoren und Adressen

Nach dem Titel der Publikation werden in der nächsten Zeile die Autorennamen angegeben, wobei die Vornamen normalerweise abgekürzt werden. Es ist üblich, dass der erstgenannte Autor der Hauptautor und auf Anfragen hin der korrespondierende Autor der Arbeit ist. Oder ein nachfolgender Autor wird als korrespondierender Autor angegeben. Nach den Namen folgen die Adressen. Wenn nicht alle Autoren die gleiche Adresse haben, kann die Unterscheidung durch hochgestellte Sterne oder Nummern am Namen getroffen werden.

3.3.3 Abstract

Der Abstract wird als inhaltliche Kurzübersicht des Artikels vorangestellt. Er sollte nicht mehr als ca. fünf Zeilen umfassen, damit er auch von eiligen Lesern nicht übergangen wird. Hierin geht es um den Inhalt der Arbeit, was womit untersucht wurde und das Hauptergebnis. Es sollten keinesfalls alle Schlussfolgerungen oder eine komplette Zusammenfassung des Artikels als Abstract angeboten werden. Auch sind hier eine detaillierte Diskussion oder Zitate fehl am Platz.

Wie der Titel hat auch der Abstract eine informative und Interesse weckende Funktion. Der Leser sollte sich motiviert fühlen, noch mehr von diesem Artikel lesen zu wollen. Deshalb muss der Abstract sehr gründlich formuliert sein und die wesentlichen Aspekte der Publikation dem Leser klar vor Augen führen. Ebenso wie der Titel sollte der Abstract erst am Ende ausformuliert werden, wenn Sie wissen, wie Sie alles dargestellt haben.

Seien Sie sich bewusst, dass Titel und Abstract als eine Informationseinheit zu betrachten sind. Das bedeutet, dass Sie keinesfalls den Inhalt des Titels nochmals im Abstract wiederholen sollten. Dies ist übrigens ein typischer Fehler unerfahrener Autoren, der von aufmerksamen Gutachtern geahndet wird.

3.3.4   Schlüsselworte und Klassifizierungscodes

Viele wissenschaftliche Zeitschriften geben nach dem Abstract einige Schlüsselwörter *(keywords)* und Klassifizierungscodes für das PACS-System (Physics and Astronomy Classification Codes) an. Das PACS-System, das vom American Institute of Physics eingeführt und entwickelt wurde, stellt eine feine Untergliederung der Forschungsgebiete dar. Man kann hierin zu einem Teilgebiet die Übersicht über die darin publizierten Artikel und Bücher finden. Ähnliche Systeme gibt es auch für andere Disziplinen.

Für die Auffindbarkeit von Artikeln bei einer elektronischen Suche im Netz sind Schlagworte sehr nützlich. Wenn Ihr Artikel genügend typische Schlagworte enthält, wird er vielleicht auch gefunden und zitiert. Vergessen Sie das Hinzufügen der Schlagworte, reduzieren Sie die Zitierungswahrscheinlichkeit Ihres Artikels.

3.3.5   Einführung

In der Einführung muss klar dargelegt werden, worum es in dem betreffenden Artikel geht. Es sollte beschrieben werden, ob die Arbeit experimentell oder theoretisch orientiert ist, um welche Themen es geht, und wofür das Ganze eigentlich gut ist. Die Motivation für die durchgeführten Untersuchungen und ihr breiterer Nutzen müssen klar herausgestellt werden.

Auch sollte der vorhandene Wissensstand als Ausgangspunkt für Ihre Arbeit anhand einer gründlichen Diskussion der von anderen publizierten wesentlichen Artikel umrissen werden. Aus den von Ihnen dargestellten, noch offenen Fragen ist dann die Notwendigkeit der vorgelegten Arbeit abzuleiten, wobei das Ziel des gegenwärtigen Artikels klar herausgearbeitet werden sollte. Doch der Versuch, die eigenen Ergebnisse in der Einführung möglichst wirksam zu verkaufen, sollte nicht so weit gehen, dass Erwartungen geweckt werden, die durch die Ergebnisse schließlich nicht erfüllt werden können.

Falls es um einen längeren und aus vielen Teilen bestehenden Artikel geht, sind einige Worte zum Aufbau der Arbeit angebracht.

3.3.6 Experiment und Methode oder Theorie

Dieser Teil des Artikels muss dem Leser alle Informationen liefern, die er benötigt, um den Inhalt des Artikels verstehen, nachvollziehen oder überprüfen zu können. Dazu gehören bei experimentell orientierten Arbeiten Probenpräparation und eingesetzte analytische Verfahren, inklusive der Angabe der benutzten Geräte.

Wenden Sie eine selbst entwickelte Methode an, die nicht bekannt ist, muss etwas mehr darüber gesagt werden. Auch sollte die Auswertung der Daten erklärt werden.

Bei theoretisch orientierten Publikationen sind analog die theoretischen oder methodischen Grundlagen und Rechenverfahren herauszuarbeiten bzw. die benutzten Computerprogramme anzugeben. Bei soziologischen Studien ist hier z. B. etwas über die betrachtete statistische Gesamtheit und die statistischen Auswertungsverfahren zu sagen, bei rechtswissenschaftlichen Studien über die Gesetzesgrundlagen.

3.3.7 Ergebnisse und Diskussion

Dieser Abschnitt stellt den Hauptteil einer wissenschaftlichen Publikation dar. In vielen naturwissenschaftlich orientierten Zeitschriften findet man die Diskussion der Ergebnisse, unmittelbar nachdem diese vorgestellt wurden. In manchen Zeitschriften ist Ergebnispräsentation und Diskussion in zwei Teile untergliedert. Für beide Arten gibt es Für und Wider. Einerseits ist es komfortabler für den Leser, die vorgestellten Ergebnisse sofort diskutiert zu sehen, als zu den Abbildungen bei der Diskussion zurückblättern zu müssen. Andererseits kann dieser Darstellungsstil eine Vermischung von gültigen, gemessenen Ergebnissen und später zu revidierenden Interpretationen sein. Falls erst viele Ergebnisse darzustellen sind, bevor sie vergleichend diskutiert werden, empfiehlt sich die Organisation in zwei separaten Teilen. Richten Sie sich bereits beim Schreiben nach dem Stil der Zeitschrift, an die Sie Ihren Artikel zu schicken gedenken.

Für die Ergebnisdarstellung spielen Abbildungen und Tabellen eine entscheidende Rolle. Hierbei ist eine grafische Darstellung einer tabellarischen vorzuziehen, da in Abbildungen die Tendenzen augenfällig deutlicher werden. Doch verlassen Sie sich nicht darauf, dass der Leser ohne Weiteres aus der grafischen oder tabellarischen Ergebnisdarstellung entnimmt, was er sehen soll, auch wenn für Sie selbst alles unmissverständlich ist. Beschreiben Sie immer auch klar in Worten, was in den Abbildungen und Tabellenzu sehen ist und wie die Zusammenhänge sind.

Bei der Ergebnisdiskussion ist es besser, eine eher komplexe als eine nur eindimensionale Sicht zu entwickeln. Das kann unter anderem durch den Einsatz verschiedener experimenteller Verfahren geschehen.

Sie dürfen Ihre Ergebnisse nicht isoliert im luftleeren Raum darstellen. Unbedingt ist der Bezug zu dem von anderen Kollegen Publizierten herzustellen. Auf diese Weise ordnen Sie das von Ihnen neu produzierte Wissen angemessen in den vorhandenen Wissensstand ein. Die konstruktive Auseinandersetzung mit den Publikationen anderer Kollegen hilft, zu einer umfassenderen Interpretation zu gelangen und eventuell noch vorhandene Widersprüche aufzuklären. Lesen Sie die Publikationen in Ihrem Gebiet gründlich. Diese Kenntnis hilft Ihnen einzuschätzen, ob Ihre Arbeit einen wesentlichen Wissenszuwachs bringt. Um Ihre Resultate richtig mit den Arbeiten anderer Kollegen vergleichen zu können, sollten Sie natürlich die anderen Artikel verstanden und nicht falsch interpretiert haben. Andere Wissenschaftler werden sich freuen, ihre Interpretationen in Ihrem Artikel zitiert und bestätigt zu sehen.

Doch wie sieht es mit Artikeln aus, in denen zu einer anderen Sichtweise als bei Ihnen gelangt wird? In diesem Fall sollten diese Publikationen zumindest erwähnt werden, denn Nichtübereinstimmung, scheinbare Widersprüche und offen gebliebene Fragen geben oft Anstoß für weitere Untersuchungen, die später zur vollen Aufklärung führen.

Die meisten Wissenschaftler suchen vor dem Einreichen einer Publikation nach eventuell übersehenen Artikeln mit entsprechenden Schlagworten in Suchmaschinen oder Datenbasen. Auch Sie sollten das nicht vergessen, bevor Sie Ihren Artikel abschicken, um eine möglichst signifikante Literaturdiskussion geben zu können.

In der Diskussion sollten Sie klar herausarbeiten, was in Ihren Arbeiten neue Ergebnisse oder Hypothesen sind und was einen Bericht über bereits vorhandenes Wissen hinaus darstellt. Wenn beides ungekennzeichnet vermischt wird, kann es passieren, dass Ihnen die gebührende Anerkennung versagt bleibt, weil das Neue in Ihrem Artikel nicht erkannt wird.

Spekulationen und Arbeitshypothesen sind oft der Ausgangspunkt für neue Untersuchungen. Wenn Sie diese in Ihren Artikel aufnehmen wollen, bleiben Sie jedoch bei eher moderaten Spekulationen, die auf einer gründlichen Bestands- und Trendanalyse beruhen, und lassen Sie sich nicht zu unbegründeten und fantastischen Spekulationen hinreißen. Niels Bohr sagte hierzu einmal: „Es ist schwierig Voraussagen zu treffen, vor allem, wenn sie die Zukunft betreffen."

3.3.8 Schlussfolgerungen oder Zusammenfassung

Nachdem Sie Ihre Ergebnisse dargelegt und diskutiert haben, sollte der Artikel mit Schlussfolgerungen abgeschlossen werden. Bei vielen Autoren findet man auch eine Zusammenfassung des wesentlichen Inhalts am Ende der Publikation. Diese ist nützlich für den Leser, der in Kurzform einen Überblick über den Artikel bekommen möchte. Sie wird meistens in der Vergangenheit geschrieben, da es um das bereits Dargelegte geht. Doch die Zusammenfassung enthält normalerweise keinerlei neue Information und stellt oft eine einfache Wiederholung der Schlüsselsätze der Diskussion dar.

Als die bessere Variante ist jedoch zu empfehlen, stattdessen Schlussfolgerungen am Ende des Artikels darzubieten. Darin sollte versucht werden, zu einer gewissen Verallgemeinerung der Ergebnisse zu gelangen. Es geht hierbei darum, die allgemeinere Bedeutung der gewonnenen Erkenntnisse herauszustellen und diese in einen größeren Kontext einzuordnen. Doch entfernen Sie sich dabei nicht zu weit vom konkreten Inhalt Ihrer Publikation. Formulieren Sie die Schlussfolgerungen möglichst knapp und verdünnen Sie diese nicht durch Elemente, die eigentlich nur Zusammenfassungen sind. Es empfiehlt sich, die Schlussfolgerungen in Unterpunkten mit Anstrichen gegeneinander abzusetzen und nicht als fortlaufenden Text zu formulieren. Auch können hierzu Bemerkungen zu noch offenen Fragen und Anregungen für zukünftige Arbeiten gehören. Bei der Feststellung allgemeingültiger Sachverhalte sollte hier die Gegenwart benutzt werden.

Ebenso wie der Abstract müssen die Schlussfolgerungen besonders gründlich und prägnant ausformuliert werden, da dies die beiden Teile eines Artikels sind, die zuerst und am häufigsten gelesen werden. Sind die Schlussfolgerungen ansprechend, dann erwächst das Interesse, den gesamten Artikel zu lesen, und der Leser erinnert sich später besser an den ganzen Artikel.

Ein häufig anzutreffender Fehler ist, dass die Zusammenfassung irreführend Schlussfolgerungen genannt wird, ohne dass außer einer nochmaligen Darstellung des bereits Gesagten jegliche Schlussfolgerungen enthalten sind. Beachten Sie dies bitte.

3.3.9 Anerkennung

Am Ende des Artikels sollte nicht vergessen werden, allen, die am Gelingen der Arbeit beteiligt waren, zu danken. Es geht hierbei um die Kollegen und Studenten, deren Beiträge in die Arbeit eingingen, aber für eine Co-Autorenschaft nicht ausreichend waren, z. B. technische Unterstützung, Diskussion der Ergebnisse und Interpretation des Publikationsentwurfs. Hier wird normalerweise auch der Chef erwähnt, der die Rahmenbedingungen schuf oder die Durchführung der Untersuchungen zumindest erlaubte. Verärgern Sie diese Kollegen nicht durch stillschweigendes Übergehen ihrer Beiträge.

Es ist ebenfalls erforderlich, unterstützenden Geldgeber des Projekts explizit zu nennen und zusätzlich die Projektnummer anzugeben.

Der erfahrene Skeptiker kann jedoch bei Anerkennungen auch manchmal zwischen den Zeilen lesen, vor allem wenn er die Leute kennt. Liest man in der Anerkennung, „Ich möchte Frau P. Müller für die technische Unterstützung und Herrn G. Schneider für wertvolle Diskussionen danken", dann kann das auch bedeuten: „Frau Müller hat alle Experimente durchgeführt und Herr Schneider hat sie interpretiert. Doch ich bin der Chef und verkaufe die Ergebnisse unter meinem Namen."

3.3.10 Anhänge

Bei langwierigen Berechnungen, zusätzlichem Datenmaterial oder anderem viel Platz fressendem Material, das den Gedankenfluss unterbricht und an der betreffenden Stelle nicht unbedingt im Detail erläutert zu werden braucht, kann es unter Umständen besser sein, dies in einem Anhang und nicht in der fortlaufenden Diskussion aufzuführen. Doch gehen Sie vorsichtig mit Anhängen um. Sie gehören keinesfalls in eine *short note,* die kurz und konzentriert sein muss. In einem solchen Fall, bei anderweitig leicht verfügbarer Information und der langwierigen Lösung eines Standardintegrals sollte der Verweis darauf genügen, wo die Angaben zu finden sind.

3.3.11 Zitate

Die Literaturliste ist ein wichtiger Bestandteil einer jeglichen Publikation. Die Zitate stellen die Verbindung zwischen Ihrer Arbeit und dem bereits existierenden Wissensgebäude dar. Ohne eine solche Einordnung stehen Ihre Ergebnisse im Vakuum. Denn es ist eher die Ausnahme, dass jemand eine völlig neue Idee realisiert hat, bei der es keinerlei Vorarbeiten von anderen Wissenschaftlern gab.

Damit Ihre Publikation ernst genommen wird, muss sie den Bezug zu den wichtigsten anderen Artikeln in diesem Gebiet herstellen. Dies ist nicht allein notwendig, um Ihre Resultate richtig einzuordnen, sondern auch um dem Leser zu zeigen, dass Sie fundierte Kenntnisse auf Ihrem Gebiet besitzen. Außerdem sind Zitate eine Frage der Fairness. Denn damit geben Sie den Kollegen, die die Grundlagen gelegt haben und auf deren Arbeiten Sie aufbauen, die gebührende Anerkennung.

3.3.12 Andere Stile von *short notes* und *letters*

Die oben beschriebenen Elemente stellen eine nützliche Struktur für Originalarbeiten dar, wobei dies besonders für experimentell orientierte Publikationen gilt. Obgleich weder die Struktur noch die Länge die Qualität eines Artikels ausmachen, vermeiden Sie das Risiko der Rückweisung aus formalen Gründen, wenn Sie die gegebenen Hinweise befolgen. Es gibt jedoch keine harten unumstößlich geltenden Regeln für die Struktur. Die Struktur von *short notes* und *letters* ist einfacher, auch wenn im Grunde genommen der Aufbau so ist, wie oben dargelegt. Es sind lediglich die Zwischenüberschriften weggelassen, und der Text ist wesentlich kürzer und konzentrierter. Vor allem sind die Wiedergabe des Experiments und der Ergebnisse sowie die Ergebnis- und Literaturdiskussion viel weniger umfangreich als in einer Originalarbeit.

Ein Beispiel für eine herausragende *short note* ist der Artikel von Leo Esaki. Dieser kurze Artikel, der zum Nobelpreis führte, demonstriert augenfällig, dass es nicht die Länge, sondern der wissenschaftliche Gehalt eines Artikels ist, der ihn wertvoll macht. Die Artikel von Shockley, Brattain und Bardeen über die Erfindung des Halbleitertransistors oder von Hall über den Hall-Effekt sind ebenso kurz. Was kann man aus solchen anderthalbseitigen Artikeln, die zum Nobelpreis führten, für die eigene Arbeit lernen? Die Schlussfolgerung daraus ist: Man muss nur eine gute Idee haben, ein erfolgreiches Experiment durchführen, einen kurzen Artikel schreiben … und auf den Nobelpreis warten.

3.4   Formale Aspekte der Manuskripterstellung

Zum Verfassen eines wissenschaftlichen Artikels gehört noch einiges mehr dazu, als einfach den Text zu schreiben. In diesem Abschnitt wollen wir uns mit den formalen Aspekten einer wissenschaftlichen Publikation befassen.

3.4.1   Abbildungen und Tabellen

Es ist selbstverständlich, dass die Abbildungen gründlich und sauber zu zeichnen sind. Die richtigen Parameter müssen miteinander korrelieren, und die geeignete Darstellungsweise ist zu wählen, entweder linear, logarithmisch oder halblogarithmisch. Sollte es eine Kurve, ein Balken- oder Kreisdiagramm oder gar eine dreidimensionale Darstellung sein? Der Text in der Abbildung und an den Achsen muss beim Druck mindestens noch in Schriftgröße 9 Punkt erscheinen, damit alles gut leserlich bleibt. Auch sollte die Abbildungsgröße angemessen sein: Die Abbildungen dürfen weder im Briefmarkenformat noch zu raumgreifend erscheinen.

Aus ästhetischen Gründen sollten alle Abbildungen einer Publikation im selben Stil produziert werden, d. h. gleiche Rahmen- und Linienstärke, gleiche Schriftarten und -größe usw. Indem Sie alle Abbildungen mit demselben Programm erstellen, können Sie dies sicherlich leicht erreichen. Vermeiden Sie zu dünne Linien oder den Eindruck einer Traueranzeige in der Rahmenstärke. Linien mit einer Stärke unter 0,2 mm mögen auf dem Computerbildschirm noch erkennbar sein, können aber im Druck kaum noch wahrgenommen werden. Desgleichen sollte Fettdruck in Achsenbezeichnungen oder Abbildungstexten unterbleiben. Dies lenkt nur vom Inhalt ab. Sie werden selbst sehen, ob Ihre Abbildungen Ihren ästhetischen Anforderungen genügen oder ob noch gravierende Veränderungen vorzunehmen sind.

Wie bereits in Abschn. 3.1.5 erwähnt, ist es oft nützlich, eine Schlüsselabbildung zu haben. Diese Abbildung muss besonders gründlich vorbereitet werden. Wenn Ihre Ergebnisse sehr bedeutend sind, wird diese Abbildung vielleicht auch in anderen Publikationen zitierend reproduziert und auch von späteren Wissenschaftlergenerationen noch erkannt werden.

Die Regeln für das Abbildungsdesign sind in Abschn. 3.1.5 unter Punkt III ausführlich dargelegt. Dort finden Sie auch eine im Stil als Vorlage empfohlene Musterabbildung.

Jede Abbildung ist mit einer Legende zu versehen. Dieser Text muss informativ und kurz sein und vor allem die Achsen, Kurven und Symbole erklären, aber keinesfalls eine Abbildungsdiskussion oder Beschreibung der abzuleitenden Sicht enthalten. Für den Text zur Abbildung ist im Normalfall Schriftgröße 9 Punkt zu wählen. Die Abbildungen, Tabellen und Formeln sind der Reihe nach durchzunummerieren. Orientieren Sie sich am Nummerierungsstil der Zeitschrift, bei der Sie Ihren Artikel einreichen wollen.

Sollten Sie Autor eines Kapitels eines editierten Buches werden, so wird vor der aktuellen Nummer der Abbildung, Tabelle oder Formel zusätzlich und durch Punkt getrennt die Kapitelnummer angegeben.

Tabellen müssen ebenfalls übersichtlich gestaltet werden. Für jede Spalte und Zeile ist unmissverständlich anzugeben, was darin wiedergegeben wird. Dabei sind die Einheiten in runden Klammern hinter den entsprechenden Begriffen zu vermerken. Wie bei dem Abbildungstext sollte auch hier Schriftgröße 9 Punkt nicht unterschritten werden.

Alle Abbildungen und Tabellen sind ebenfalls im Text zu erwähnen. Sie müssen so nahe wie möglich bei der Ersterwähnung platziert werden, dürfen jedoch nicht vor der Erwähnung oder gar in einem vorangehenden Abschnitt gezeigt werden.

3.4.2 Einheiten

In naturwissenschaftlichen und technischen Publikationen sind generell die gesetzlichen Einheiten des SI-Systems zu benutzen. Doch manchmal gibt es Ausnahmen dabei. Benutzen Sie dann die in Ihrem Gebiet gebräuchlichen Einheiten. Vermeiden Sie den Gebrauch von überholten oder wenig gebrauchten Einheiten, weil damit Ihre Arbeit schwerer begreifbar und weniger verständlich wird. Außerdem wird in einem solchen Fall wahrscheinlich von den Gutachtern ein Umschreiben gefordert werden. Die Grundeinheiten des etablierten Système International (SI) sind s, kg, m, A, K, Cd und Mol. Darüber hinaus gibt es einen Satz abgeleiteter und von der International Union of Pure and Applied Physics (IUPAP) bestätigter Einheiten, wozu Hz, N, V, W, J, F und Wb gehören. Beachten Sie, dass in wissenschaftlichen Publikationen, inklusive ihrer elektronischen Versionen, die Einheiten aufrecht und nicht schräg gestellt (kursiv) zu schreiben sind.

3.4.3 Abkürzungen

Die Verwendung von Abkürzungen und Akronymen ist in wissenschaftlichen Texten sehr etabliert und nützlich zum Platzsparen. Doch seien Sie sich bewusst, dass nicht jeder Leser mit allen benutzten Abkürzungen vertraut ist.

Oft tendiert jemand, der ständig mit diesen Begriffen umgeht, dazu, diese als Allgemeingut zu betrachten, während Nichtspezialisten Probleme damit haben. Deshalb sollten alle benutzten Abkürzungen und Akronyme bei der Ersterwähnung vollständig ausgeschrieben, definiert und benannt werden, wobei die Abkürzung bzw. das Akronym in Klammern dahinter angegeben werden muss, wie beispielsweise „Reflection high energy electron diffraction" (RHEED). Danach kann ausschließlich mit den Abkürzungen und Akronymen gearbeitet werden. Nur wenn Abkürzungen und Akronyme als international weitgehend bekannt und akzeptiert gelten, z. B. ppm, dann können sie ohne weitere Erklärung gebraucht werden.

Speziell bei Büchern und auch bei längeren Artikeln ist es statt der Erklärung von Abkürzungen bei Erstbenutzung nützlich, ein Abkürzungs- und ein Symbolverzeichnis als Liste voranzustellen.

3.4.4 Symbole

> Die Symbole sind so erleuchtend, dass die Tatsache, dass der Text unverständlich ist, überhaupt nicht stört (A.N. Prior).

Ebenso wie Akronyme und Abkürzungen müssen auch Symbole bei der Ersterwähnung erklärt werden; es sei denn, sie sind Allgemeingut.

Benutzen Sie ausschließlich die etablierten Symbole, falls Sie nicht gelegentlich aus irgendwelchen Gründen davon abweichen müssen.

Es ist beispielsweise problematisch, in einem Artikel „e" zugleich für Exponent und Elektronenladung zu benutzen. Falls nicht ein anderes Symbol für eine der beiden Größen eingeführt werden soll, ist ein Ausweg in dieser Situation, einmal „e" gerade und das andere Mal schräg gestellt als „*e*" zu schreiben. Dann wäre die Unterscheidung gegeben. Außerdem ist das Anfügen einer Fußnote möglich, um Konfusion zu vermeiden.

3.4.5 Stichwortverzeichnis

Ein Stichwortverzeichnis wird nur für komplette Bücher benötigt. Es erleichtert dem Leser das Auffinden der gewünschten Information im Text. Ein gut strukturiertes Stichwortverzeichnis ist nicht allein alphabetisch, sondern enthält außerdem unter den Hauptbegriffen die abgeleiteten und Nebenbegriffe. Das Generieren des Stichwortverzeichnisses wird durch moderne Textverarbeitungsprogramme, wie z. B. LaTex, sehr erleichtert. Hier sind die Schlüsselworte im Text zu markieren, und danach kann das Stichwortverzeichnis automatisch generiert werden.

3.4.6 Das Literaturverzeichnis

Bedeutung des Literaturverzeichnisses
Das Literaturverzeichnis ist ein bedeutender Teil einer jeglichen wissenschaftlichen Publikation und dient verschiedenen Zwecken:

- Es führt den Leser zu belegender, weiterführender, grundlegender und detaillierter erklärender Literatur, wofür Bücher besonders nützlich sind. In Zeitschriftenartikeln betrifft es erfahrungsgemäß vor allem andere Artikel, hervorzuheben sind dabei Übersichtsartikel, in denen es um die Gesamtübersicht, den Hintergrund, Methoden zum speziellen Problem und auch die Messverfahren geht.
- Es wird die fundamentale Leistung der Wissenschaftler anerkannt, die die Grundlagen für das Gebiet gelegt und es im Wesentlichen entwickelt haben. Sie sagen hiermit, auf wessen Schultern Sie stehen. Die Arbeit dieser Kollegen wird üblicherweise zu Beginn der Einleitung gewürdigt.
- Das Zitieren der wesentlichen Artikel zeigt dem Leser, dass Sie einen guten Überblick über Ihr Gebiet besitzen und in der Lage sind, Ihre Resultate wertend einzuordnen. Wenn Sie dadurch Ihre Kompetenz zeigen, wird dem gesamten Artikel mehr Vertrauen entgegengebracht.
- Es können Konflikte früherer einander widersprechender Publikationen aufgelöst werden, indem Sie den Schlüssel dafür liefern.
- Sie belegen die Richtigkeit Ihrer Interpretation durch das Anführen ähnlich lautender und unterstützender Ergebnisse, wobei viele Autoren gern den Autoritätsbeweis antreten, indem die Arbeiten der profiliertesten Kollegen auf diesem Gebiet bevorzugt zitiert werden.

Wie viele Literaturangaben werden benötigt?
Die Anzahl der Literaturquellen ist stark vom Forschungsgebiet und vom Typ des Artikels abhängig. Während es bei mathematischen oder ingenieurwissenschaftlichen Originalartikeln oft nur ca. zehn Quellennachweise sind, trifft man bei vergleichbaren physikalischen oder chemischen Publikationen auf ca. 50 bzw. 40 Quellen, und bei biomedizinischen Originalarbeiten sind gar ca. 100 Literaturverweise typisch. Die fachgebietsspezifischen Unterschiede hängen stark mit den Zitiergewohnheiten und Forschungsaktivitäten auf den betreffenden Gebieten – und damit mit der verfügbaren und somit zitierbaren Publikationszahl – zusammen.

In *letters* oder *short notes* sind es bedeutend weniger Literaturquellen, nur ca. 20. Ein *letter to Nature* z. B. darf nicht mehr als 15 Referenzen enthalten. Dagegen werden für einen Übersichtsartikel weit über 200 Quellennachweise gefordert, da hierin ein gesamtes Forschungsgebiet mit allen wesentlichen Publikationen repräsentativ widergespiegelt werden soll.

Literaturquellen sammeln

Es ist kein Problem, die zu zitierenden Arbeiten auszuwählen, wenn Sie die wissenschaftliche Fachliteratur kontinuierlich verfolgt und alle Ihr Forschungsthema betreffenden Arbeiten gesammelt haben. Ständig informiert zu sein ist nicht nur für das einfache Auswählen der zu zitierenden Arbeiten aus Ihrem reichen Fundus hilfreich, sondern auch, um immer neue Anregungen für die eigenen Forschungsarbeiten und Interpretationen aus der Fachliteratur zu empfangen.

Ich möchte Ihnen empfehlen, dass Sie die für Sie interessanten Arbeiten regelmäßig sammeln, entweder in elektronischer Form auf Ihrem Computer oder als Ausdrucke/Kopien. Aus Erfahrung weiß ich, dass dieses Sammeln unbedingt in geordneter Form geschehen muss, in thematisch untergliederten Verzeichnissen auf dem Computer oder ausgedruckt in Heftern und Ordnern. Auch wenn das anfangs einen gewissen Mehraufwand bedeutet, können Sie später viel mehr Zeit als aufgewendet sparen, wenn Sie nicht hohe Literaturstapel durchwühlen oder Hunderte Dateien öffnen müssen. Besonders viel Zeit kostet es, wenn Sie nur wissen, dass es vor Kurzem in irgendeiner Zeitschrift einen Artikel von irgendjemandem gab, den Sie zitieren müssen, Sie aber keine Kopie davon gesammelt haben.

Da heute die meisten Artikel online verfügbar sind, können diese oder die Links dazu einfach auf dem Computer gespeichert werden. Sie werden sehen, dass Ihre Literatursammlung mit dem Fortschritt Ihrer Arbeiten rasch wächst. Deshalb ist ein gut organisiertes Ablagesystem, entweder physisch oder elektronisch, ein Muss.

Die wissenschaftliche Literatur verfolgen

Es ist viel effizienter, die wissenschaftliche Literatur ständig zu verfolgen und die relevanten Publikationen zu sammeln, als erst beim Schreiben eines Artikels damit anzufangen, nach verwandter Literatur zu suchen. Dies kann dann unheimlich zeitaufwendig werden. Aus diesem Grund möchte ich Ihnen empfehlen, im wöchentlichen Zeitplan einige Stunden fest für das Lesen der Ihr Forschungsgebiet betreffenden wissenschaftlichen Zeitschriften zu reservieren. Wenn Sie wöchentlich ca. zwei Stunden aufwenden, um die Zeitschriften an Ihrem Computer oder in der Bibliothek zu lesen, bleiben Sie kontinuierlich über die Entwicklungen auf Ihrem Gebiet informiert. Andernfalls besteht das Risiko, dass diese Aufgabe unter dem Druck der Tagesaufgaben immer wieder zurückgestellt wird. Dies ist gut investierte

Zeit, auch wenn sie im Augenblick nicht zur Lösung der anstehenden Probleme beiträgt. Heutzutage ist das Durchsehen von Zeitschriften viel einfacher und schneller möglich als noch bis Mitte der 1990er-Jahre, da fast alle internationalen wissenschaftlichen Zeitschriften elektronisch verfügbar sind.

Sekundärquellen

Es ist besser, alle zitierten Artikel wirklich selbst gelesen zu haben und sich nicht auf das Übernehmen von Literaturquellen aus anderen Publikationen zu verlassen. Blindes Übernehmen kann zu fehlerhaftem Zitieren und Fehlinterpretationen führen. Das Kopieren fehlerhafter Zitate überführt den Stümper. Als generelle Regel kann betrachtet werden, dass das Verweisen auf eine Arbeit zumindest das Lesen derselben als wert erscheinen lässt. Ist Ihnen ein Artikel nicht direkt zugänglich, online oder gedruckt, kann die betreffende Zeitschrift auch in den meisten Fällen über Fernleihe bestellt werden, oder man kontaktiert den Autor und bittet ihn um die elektronische Version oder einen Sonderdruck. Da die meisten Zeitschriften elektronisch existieren, kann man Artikel von nicht im Institut abonnierten Zeitschriften auch direkt bei der Zeitschrift über *pay per view* bekommen. Übergehen Sie eventuell wesentliche Artikel nicht einfach, nur weil Sie nicht ohne Weiteres an diese herankommen.

Format der Literaturliste

Das Formatieren der Literaturliste einer wissenschaftlichen Publikation kann fast als Kunst für sich selbst betrachtet werden. Es gibt verschiedene etablierte Zitierungsstile, detailliert beschrieben in [34]:

- In den meisten naturwissenschaftlichen Zeitschriften werden die Literaturverweise in der Reihenfolge ihrer Benutzung durchnummeriert und erscheinen in eckigen Klammern, z. B. [21]. Bei editierten Mehrautorenbüchern wird vor die aktuelle Nummer des Auftauchens noch die Kapitelnummer gesetzt, z. B. [5.22]. In der Literaturliste erfolgt die Wiedergabe dann entsprechend geordnet. Für Kollegen, die bei der nachträglichen Aufnahme von Literaturquellen nicht in der Lage sind, die Leistungsfähigkeit ihrer Textverarbeitungsprogramme, z. B. Latex oder Microsoft Word, zur automatischen Neunummerierung voll auszuschöpfen, kann das nachträgliche Einfügen von Literaturangaben, was zur Veränderung der Nummerierung führt, zum Problem werden.

In einigen Zeitschriften mit älterem Stil werden als Quelle Autorenname und Jahreszahl des Artikels in runden Klammern angegeben, z. B. (Grunert 2004). Am Ende der Publikation werden die Quellennachweise dann nicht in der Reihenfolge der Benutzung, sondern in der alphabetischen Namensreihenfolge und bei mehreren Literaturquellen eines Autors darunter in der Jahresreihenfolge wiedergegeben.

- Besonders in geisteswissenschaftlichen, aber auch einigen Biologie-Zeitschriften ist es gängige Praxis, Literaturverweise als Fußnote auf der aktuellen Seite einzufügen, wobei die Zitatnummer 37 hochgestellt ist.

Selbst innerhalb dieser groben Stile gibt es bei den unterschiedlichen Verlagen nicht einheitliche Formatierungen in der Referenzliste. Beispielsweise wird bei nummerierten Referenzen die Jahreszahl unterschiedlich angegeben, am Ende oder in der Mitte zwischen Bandnummer und Seitenzahl:

[1] J. Bardeen and W.H. Brattain, Phys. Rev. **74**, 230 (1948)

oder

[2] B. Meyer, Nucl. Inst. Meth. **B 28** (1992) 186

Damit Sie gleich von Anfang an beim Schreiben des Artikels den richtigen Zitierungsstil wählen, schauen Sie sich doch vorher einige Artikel der Zeitschrift an, an die Sie Ihre Arbeit senden wollen.

Während es immer noch einige unterschiedliche Details geben kann, gilt im Allgemeinen für nummerierte Literatureinträge:

- Die Vornamen werden abgekürzt. Bei zwei Vornamen ist zwischen den Initialen kein Leerzeichen.
- Die Zeitschriftennamen werden abgekürzt, wobei es eine internationale Abkürzungskonvention gibt, die Sie zu befolgen haben. Sie finden diese vom CalTech eingeführte Liste unter: https://www.library.caltech.edu/journal-title-abbreviations
- Die Nummer des Zeitschriftenbandes erscheint fett gedruckt.
- Die erste Seite des Artikels – und in Ausnahmefällen zusätzlich die letzte Seite – werden nach der Zeitschriftennummer durch Komma oder Bindestrich getrennt.
- Das Publikationsjahr wird am Ende in runden Klammern angegeben.

Beim alphabetischen Stil kann das Quellennachweis in der Referenzliste erscheinen als:

Bardeen, J., and Brattain, W.H., Phys. Rev. **74**, 230 (1948)

oder

Schmal, G., Z. (1994), Z. Onkologie **39**, 34

Hierbei werden die Initialen nachgestellt. Das Erscheinungsjahr der Zeitschrift ist entweder im „normalen" Zitierungsstil am Ende oder erscheint wie im Text nach dem Namen. Bücher oder Beiträge daraus und Promotions-schriften werden wieder anders zitiert. Im Nummerierungssystem würde ein Buch zitiert als:

1 P. Yu, M. Cardona, Fundamentals of Semiconductors, 3rd edn., (Springer, Berlin, Heidelberg 2001), p. 377

oder im Namen-Jahr-System als

Yu, P., Cardona, M. (2001): Fundamentals of Semiconductors, 3rd edn., (Springer, Berlin, Heidelberg 2001), p. 377

Angenommen, Ihr Artikel ist inhaltlich und im Layout perfekt, dann ist es nicht wahrscheinlich, dass er wegen falscher Formatierung der Literatur-liste zurückgewiesen wird. Doch sollten Sie immer versuchen, dem Stil der gewünschten Zeitschrift so nahe wie nur möglich zu kommen.

Sind vor allem bei Publikationen mit sehr vielen Autoren immer alle Autoren auch im Literatureintrag aufzulisten? In solchen Fällen sieht man sehr oft nur den ersten Autor angegeben, und die Co-Autoren verschwinden unter et al., um Platz zu sparen. Bei Artikeln mit bis zu drei Autoren müssen jedoch alle Autoren im Zitat angeführt werden. Detaillierte Hinweise hierzu können im Chicago Manual Style [34] nachgeschlagen werden.

Die meisten Verlage haben zur Literaturlistenformatierung ihre eigenen Regeln, die entweder in der Zeitschrift oder auf der entsprechenden Web-page nachlesbar sind.

Beachten Sie auch, dass viele Online-Zeitschriften der *cross-referen-ce*-Übereinkunft (ein System, das es dem Nutzer erlaubt, vom Zitat eines Artikels direkt zu diesem Artikel zu gelangen) angehören und deshalb spe-zielle Zitierungsregeln eingeführt haben. Diese sind gegebenenfalls auch zu befolgen.

3.4.7 Kamerafertige Manuskripte

Viele Verlage verlangen beim akademischen Publizieren das Einreichen kamerafertiger Manuskripte, sowohl für Zeitschriftenartikel als auch für Bücher. Die Ursache dafür sind Kostengründe und kürzere Publikations-fristen. Dieselben elektronischen Daten, die zum Drucken des Artikels oder Buches benutzt werden, dienen auch für die Online-Version des Buches oder der Zeitschrift.

Damit die Autoren ihre Manuskripte im geforderten Layout einreichen können, stellen die Verlage Latex- oder Word-Makros zur Verfügung. Zweifellos ist LaTeX das bessere und leistungsfähigere Textverarbeitungs-programm; es ist jedoch schwieriger als Word zu handhaben und braucht einige Einarbeitungszeit, um es beherrschen zu können. Doch wenn Sie in Zukunft viel publizieren werden, dann ist es die Zeitinvestition wert, LaTeX zu erlernen.

Die Hauptvorteile dieses Satzprogrammes sind:

* Jegliche Art von Nummerierung wird automatisch vorgenommen (Abschnitte, Abbildungen, Tabellen, Gleichungen, Zitate usw.).
* Es ist bestens für die perfekte Wiedergabe von komplizierten mathematischen Formeln geeignet.
* Es liefert die beste Typografie und Textformatierung. Ein mit LaTeX erstelltes Manuskript sieht professionell aus, während Word-Manuskripte oft wie selbst gemacht scheinen.
* Innerhalb der mathematischen und physikalischen Forschergemeinde ist es weitverbreitet. Die Verlage bevorzugen LaTeX wegen des perfekten Layouts und problemloseren Umgangs als mit Word, speziell auch beim Einbinden von Abbildungen.

Wenn Sie LaTeX einmal gelernt haben, werden Sie Ihre Freude daran haben und es nicht mehr missen wollen.

3.4.8 Einige Bemerkungen zum Copyright

Mit dem Aufkommen des Buchdrucks entstand auch die Frage des Copyrights. Im späten 15. und im 16. Jahrhundert wurde die Problematik von Urheberrechten wegen zahlreicher Raubkopien immer prekärer, sodass sich 1710 das britische Parlament diesem Problem erstmals im Statute of Anne formaljuristisch widmete. Obwohl es anfangs vorrangig um die Rechte von Druckern und Buchdruckern ging, wurde der Geltungsbereich später auch auf die Autorenrechte im Copyright ausgedehnt.

Heutige Copyright-Gesetze
Der Inhaber des Copyrights hat das Recht, die betreffende Arbeit darzustellen, zu vervielfältigen, zu verbreiten und Lizenzen dazu zu vergeben. Umgekehrt ist es eine Verletzung des Copyrights, wenn andere Personen oder Organisationen eine Publikation oder Teile davon in diesem Sinne nicht autorisiert ausbeuten. Für Bücher, die noch angeboten werden, haben die Erben das Copyright bis zu 70 Jahre nach dem Tod des letzten überlebenden Autors. Ausnahmen davon gibt es in Japan und Kanada, wo ein

Minimalzeitraum von 50 Jahren gilt, wie in der Berner Konvention zum Copyright 1971 festgelegt wurde.

Obwohl es beim Copyright ursprünglich um die Verlags- und Autorenrechte an Schriften ging, hat mit der Entwicklung neuer Technologien der Begriff „Schreiben" eine allgemeinere Interpretation erfahren. Es geht nunmehr beim Copyright auch um Architekturdesign, grafische Kunst, Software, Filme und Musik. Etwas kann nur dann Gegenstand des Copyrights werden, wenn es originell ist und in einem speziellen materiellen Medium ausgedrückt wurde.

Das Copyright-Gesetz ist recht komplex. Besonders im Zusammenhang mit der Entwicklung elektronischer Medien und des Internets mussten die Regeln zum Schutz von Urheberrechten ständig aktualisiert und ausgedehnt werden. Gegenwärtig geht die World Intellectual Property Organization, abgekürzt als WIPO, mit den Copyright-Anforderungen im Informationszeitalter um und unterbreitet Vorschläge zur Aktualisierung.

Copyright beim wissenschaftlichen Publizieren
Bei wissenschaftlichen Artikeln und Büchern überträgt im Normalfall der Autor dem Verlag das Copyright, der damit das Recht auf Druck und Verbreitung übernimmt. Die Autoren profitieren umgekehrt von der Verbreitung und Popularisierung ihrer Arbeit und dem zusätzlichen von den Verlagen angebotenen Service.

Wenn Sie eine eigene Publikation vorbereiten, dann gilt oft die erste Copyright-Frage der Verwendung von Material, z. B. Abbildungen, aus anderen Publikationen. Falls Sie Abbildungen, Tabellen oder Textteile aus anderen Artikeln benutzen wollen, dann müssen Sie dafür das Copyright einholen, selbst für Material aus eigenen Publikationen. Dies gilt nicht allein für Fremdmaterial, sondern auch für Teile aus eigenen vorangegangenen Publikationen, wie z. B. Abbildungen, Tabellen und Textteile. Sie müssen dann den erstpublizierenden Verlag um Genehmigung ersuchen, um rechtlich auf der sicheren Seite zu sein. Denn mit der Unterzeichnung des Copyright Transfer Agreement haben Sie bei Artikeleinreichung alle Nutzungsrechte an Ihrem Artikel an den Verlag übertragen. Diese Genehmigung wird fast immer problemlos erteilt, vor allem wenn es um eigene Arbeiten geht. Bedingung zur Übernahme von Teilen anderer Publikationen ist – egal ob Fremd- oder Eigenzitat –, dass der Ursprung korrekt angegeben wird. Das bedeutet, dass Sie zumindest im Abbildungstext das Zitat auszuweisen haben.

Einige Verlage verlangen eine Gebühr für die Copyright-Erteilung.

3.5   Einreichung, Begutachtung und Überarbeitung

Wenn Ihr Artikel geschrieben ist, wobei Sie bereits den Stil einer bestimmten Zeitschrift im Blick hatten, und alle Co-Autoren damit zufrieden sind, ist die Zeit für das Einreichen reif. Die Einreichungsadresse finden Sie in der Zeitschrift.

3.5.1   Begutachtung

Normalerweise erhalten Sie umgehend eine Eingangsbestätigung nach Eingang Ihrer Publikation. Zuerst geht der Artikel an den für das betreffende Gebiet zuständigen Mitherausgeber der Zeitschrift. Danach sendet er die Arbeit an meist zwei Rezensenten, falls er sie nicht selbst prüft. Die unabhängigen Gutachter sind im Allgemeinen international anerkannte Experten dieses Gebiets.

Kommen alle beiden Gutachter zu einer positiven Einschätzung, wird der Artikel zum Publizieren angenommen. Bei unterschiedlichem Ergebnis wird ein dritter Gutachter hinzugezogen.

Haben Sie die Möglichkeit, Einfluss auf die Auswahl der Gutachter für Ihren Artikel zu nehmen? Die meisten Zeitschriften berücksichtigen Gutachtervorschläge der Autoren nicht, weil sie mutmaßen, dies seien nur gute Bekannte der Autoren, die keinen objektiven Kommentar abgeben. Die Zeitschrifteneditoren wählen die Gutachter, anerkannte Experten auf dem Gebiet, selbst aus. Doch Sie haben die Möglichkeit, potenzielle Gutachter auszuschließen. Wenn Sie bei der Publikationseinreichung darum bitten, Ihre Arbeit an bestimmte Kollegen nicht zu senden, weil diese Konkurrenten sind oder Sie mit ihnen negative Erfahrungen gemacht haben, dann wird normalerweise darauf eingegangen.

Doch manchmal hat ein Zeitschriftenherausgeber keine Idee, an wen die Arbeit zur Begutachtung zu senden ist, weil vielleicht das Gebiet zu neu ist. Dann wird in der Literaturliste geprüft, wer offenbar ein kompetenter Kollege dafür sein könnte, weil seine Publikationen als grundlegend oder mehrfach zitiert werden. Auf diese Weise können Sie gelegentlich durch die Auswahl Ihrer Literatur auf die Auswahl des Rezensenten Einfluss ausüben. Sie können dann davon ausgehen, einen gewogeneren Richter zu finden, weil jeder sich freut, seinen Artikel in Ihrem zitiert zu sehen.

Die Begutachtung ist anonym, weil hierdurch vermieden werden soll, dass sich Konflikte aufbauen. Doch manchmal können Sie auf den Gutachter schließen, wenn im Kommentar empfohlen wird, zusätzliche Arbeiten zu zitieren und dabei ein Autorenname mehr als einmal auftaucht. Denn dadurch kann er seine eigene Zitierungsrate verbessern.

Unabhängig davon, wie die Gutachter ausgewählt werden, ist das *peer reviewing* eine unabdingbare Voraussetzung dafür, die Qualitätsstandards des wissenschaftlichen Publizierens aufrecht zu erhalten. Es ist ein Grundpfeiler der Qualitätskontrolle. Wenn ein Artikel von einer Zeitschrift angenommen wurde, genügt er zumindest grundlegenden Qualitätsstandards.

Doch es gibt auch eine Reihe möglicher Probleme beim Rezensionsprozess:

- Nicht jeder Gutachter verfasst seine Einschätzung zügig genug, wodurch oft das Erscheinen eines Artikels unnötig verzögert wird. Im Extremfall muss der Gutachter gewechselt werden. Der Druck auf Rezensenten, rasch zu einer Einschätzung zu gelangen, wächst vor allem im Zusammenhang mit dem elektronischen und Online-First-Publizieren, weil es das Ziel ist, hierbei den Abstand zwischen Einreichen und Publizieren eines Artikels drastisch zu verkürzen, von durchschnittlich sechs Monaten bei gedruckten Publikationen auf ca. einen Monat.

- Nicht jede Rezension stellt wirklich eine inhaltliche Bewertung dar. Gelegentlich wird der Inhalt eher unkommentiert wiederholt.

- Eine andere Frage ist die nach der Kompetenz des Gutachters. Deshalb wird er von der Zeitschrift, die ihm einen Artikel zur Bewertung sendet, gefragt, ob er sich kompetent fühlt. Andernfalls muss er den Artikel zurücksenden oder an einen kompetenteren Kollegen weitergeben. Aus den 14 Publikationen von J. H. Schön in den Zeitschriften *Science* und *Nature* in nur einem Jahr ist zu ersehen, dass keiner der Gutachter erkannte, dass diese Resultate nicht wahr sein konnten.

- Außerdem wird ein Gutachter gefragt, ob er keinen Interessenkonflikt sieht. Ist er nicht in der Lage, ein objektives Gutachten abzugeben, weil er den Autor der zu begutachtenden Arbeit als Konkurrenten betrachtet, dann sollte er von der Begutachtung Abstand nehmen. Doch gelegentlich wird gerade dies als Chance betrachtet, jemanden auszubremsen und dabei selbst die Nase vorn zu haben. Denn ein Gutachter kann leicht das Erscheinen einer Publikation verzögern, indem unnötige und zeitaufwendige Nachbesserungen verlangt werden. Es sind vor allem für amerikanische Zeitschriften einige Fälle bekannt, in denen aufgrund dieser künstlichen Verzögerung des Publizierens die Gruppe des Gutachters die ersten und damit meist zitierten Publikationen auf neuen Gebieten erreichte, auch wenn das Einreichungsdatum der künstlich verzögerten

Arbeit älter war und damit die Prioritäten abgesichert waren. Weil Bednorz und Müller sicherstellen wollten, dass sie wirklich die ersten sind, die einen Artikel zur Hochtemperatursupraleitfähigkeit publizieren, wählten sie dafür keine amerikanische, sondern eine in Deutschland verlegte Zeitschrift.

3.5.2 Annahme oder Rückweisung

Auf der Grundlage des Gutachterkommentars wird der Zeitschriftenherausgeber eine der folgenden drei Optionen wählen:

* Der Artikel wird zurückgewiesen.
* Der Artikel wird prinzipiell angenommen, aber eine gewisse Überarbeitung wird gefordert.
* Der Artikel wird so, wie er ist, vorbehaltlos angenommen.

Naturgemäß haben die renommiertesten Zeitschriften die höchste Rückweisungsrate, weil sie viel mehr Artikel angeboten bekommen, als sie publizieren können. So werden bei den führenden wissenschaftlichen Zeitschriften *Nature* und *Science* nur ca. 5 % der eingereichten Artikel angenommen. Bei den anderen führenden internationalen Zeitschriften liegt diese Rate bei ca. 30 %. Durch dieses Trennen der Spreu vom Weizen wird die Qualität der Zeitschriften gewahrt.

Doch die Rückweisung kann auch aus anderen als Qualitätsgründen erfolgen. Beispielsweise kann eingeschätzt werden, dass ein Artikel nicht vollständig in das Profil der Zeitschrift passt, oder dass er wissenschaftlich ungenügend ist oder nicht genug neue Information enthält. Oder der Schreibstil entspricht nicht dem der Zeitschrift. Deshalb ist es empfehlenswert, dass Sie sich vor Einreichung Ihres Artikels gründlich mit dem Profil der Wunschzeitschrift und dem Stil anderer Artikel darin vertraut gemacht haben. So ist beispielsweise der Stil in *Nature* populärer als in reinen Fachzeitschriften, weil dadurch Leser angesprochen werden sollen, die sich über ihr eigenes Fachgebiet hinaus informieren wollen. Auch sollten Sie vor Einreichung eines Artikels geprüft haben, wie lang vergleichbare Artikel in der Zeitschrift Ihrer Wahl sind, damit er nicht wegen Überlänge zurückgewiesen wird.

Nicht vernachlässigen sollten Sie die gründliche Auswahl der Zitate. Wenn der Wissensstand in einem Artikel nicht angemessen durch die geeigneten Zitate widergespiegelt wird oder Eigenzitate dominieren, entstehen Zweifel am Überblick des Autors.

Die Annahmewahrscheinlichkeit steigt, wenn das Englisch gut ist.

Auch kann die Annahme eines Artikels verweigert werden, weil in der Überschrift und im Abstract Erwartungen geweckt wurden, die der nachfolgende Artikel nicht erfüllt.

Wenn Sie all dies im Blick behalten, dann können Sie Zeitverluste bei der Einreichung und negative Erfahrungen bei der Annahme Ihres Artikels vermeiden.

3.5.3 Auseinandersetzung mit den Rezensenten

Natürlich steht es Ihnen frei, einen nicht akzeptierten Artikel noch einmal an eine andere Zeitschrift zu senden, damit die ganze Arbeit nicht umsonst war. Doch prüfen Sie die Gutachtervorschläge immer kritisch und verbessern Sie Ihren Artikel weitgehend so wie vorgeschlagen, vorausgesetzt Sie akzeptieren die Kommentare. Keinesfalls sollten Sie einen bei der einen Zeitschrift zurückgewiesenen Artikel unverändert zu einer anderen Zeitschrift nochmals schicken. Denn nicht selten wird von der neuen Zeitschrift derselbe profilierte Kollege ebenfalls als Gutachter bestellt. Wenn der Artikel noch die alten Kritikpunkte enthält, wird er auch dort wieder zurückgewiesen. Haben Sie aber den Artikel wie empfohlen verbessert, dann steigen Ihre Chancen.

Doch was sollten Sie tun, wenn der Gutachterkommentar ungerecht ist oder von Unverständnis kündet? Sie müssen nicht alles sklavisch akzeptieren und können durchaus darauf mit einem richtigstellenden Brief antworten. Manchmal hilft diese Diskussion. Doch vergreifen Sie sich dabei nicht im Ton, indem Sie aggressiv werden. Das befördert Ihr Anliegen keinesfalls. Dadurch werden nur Gutachter und Herausgeber gleichermaßen verärgert, und Sie kommen der Lösung des Konflikts nicht näher. Wenn keine Einigung erzielt wird, dann ist das Zurückziehen des Artikels und die Neueinreichung bei einer anderen Zeitschrift der einzige Ausweg. Es wird allerdings einem Autor nicht als clevere Idee angerechnet, wenn er in Erwartung möglicher Probleme bei der Einreichung zum Vermeiden von Zeitverzug seinen Artikel gleichzeitig an mehrere Zeitschriften sendet. Stellen Sie sich vor, wie ein Gutachter wohl reagieren mag, wenn er denselben Artikel gleichzeitig von unterschiedlichen Zeitschriften vorgelegt bekommt.

Es ist allerdings zu überlegen, ob man die Stirn haben sollte, einen Artikel nochmals einzureichen, wenn man den folgenden Kommentar erhält: „Dieser Artikel enthält vieles, was neu ist, und vieles, was wahr ist. Doch unglücklicherweise ist das, was wahr ist, nicht neu und das, was neu ist, nicht wahr."

3.5.4 Happy End

Wenn alles glatt gelaufen ist und Ihre Publikation erfolgreich angenommen wurde, dann gratuliere ich Ihnen. Sie haben offenbar die in diesen Seiten gegebenen Ratschläge berücksichtigt.

Nachdem Ihre Arbeit angenommen ist, wird es im Allgemeinen weitere zwei bis zwölf Monate dauern, bis sie in der Zeitschrift erscheint, im Mittel sechs Monate. Da alle Zeitschriften auch über das Internet zugänglich sind, kann Ihr Artikel schneller bekannt gemacht werden.

3.6 Verfassen von Buchmanuskripten

Ich möchte nun noch einige kurze Bemerkungen zu einem Thema machen, das wahrscheinlich für Sie gegenwärtig nicht relevant ist, es aber in Zukunft werden könnte: das Bücherschreiben. Rechtzeitig vorbereitet zu sein hilft, spätere Anforderungen besser zu meistern.

3.6.1 Einen Beitrag für ein editiertes Buch verfassen

Es kann durchaus passieren, dass Sie gebeten werden, Ihre herausragenden wissenschaftlichen Ergebnisse in einem Kapitel in einem editierten Buch darzustellen. Diese Ehre ist vergleichbar mit der Aufforderung, einen Übersichtsartikel für eine Zeitschrift zu verfassen. Denn in einem Buch sollten nur die angesehensten Vertreter des Wissensgebiets präsent sein.

In einem Buchbeitrag geht es darum, zuerst die Grundlagen des betreffenden Gebiets darzulegen, dann eine wertende Übersicht über den diesbezüglichen internationalen Wissensstand zu geben, ähnlich wie in einem Übersichtsartikel, und abschließend die neuesten Entwicklungen inklusive der offenen Fragen darzustellen. Ihre eigenen Ergebnisse sollten dabei angemessen eingebaut sein, jedoch nicht unbedingt vordergründig dominieren.

Damit das Buch möglichst kohärent wird, ist es nützlich, sich vor Beginn des Schreibens mit den anderen Beitragsautoren inhaltlich abzustimmen. Querverweise auf die anderen Kapitel erhöhen darüber hinaus die Einheitlichkeit der Darstellung.

Es kann also in Hinsicht auf den Schreibstil und die Breite der Thematik ein Buchbeitrag durchaus mit einem Übersichtsartikel verglichen werden. Im Unterschied hierzu sollten jedoch auch die Grundlagen zum besseren Verständnis einführend erläutert werden und eine inhaltliche Abstimmung mit den anderen Buchbeiträgen erfolgen, was beides beim Artikelschreiben nicht zu beachten ist.

3.6.2 Ein Buch editieren

Wenn Sie die Einladung erhalten, ein Buch zu editieren, dann impliziert das auch, dass Sie als führender Kopf auf Ihrem Gebiet anerkannt sind und Ihre Arbeiten sich hoher Wertschätzung erfreuen. Was sind Ihre Aufgaben als Herausgeber eines Buches?

- Zuerst entscheiden Sie in Abstimmung mit dem Verlag, ob Sie alleiniger Herausgeber werden oder einen oder mehrere kompetente Kollegen als Co-Editoren einbeziehen, mit denen Sie sich die Arbeit teilen. Es hilft, auf jedem Teilgebiet die führenden Kollegen als Co-Editoren zur Seite zu haben.
- Als Nächstes ist über den geplanten Inhalt des Buches Klarheit zu gewinnen, d. h. das Inhaltsverzeichnis aufzustellen. Dabei ist auch über die Seitenzahlen je Beitrag zu entscheiden, wobei das inhaltliche Gewicht der einzelnen Teilthemen sich auch in gewisser Weise im Umfangsverhältnis widerspiegeln sollte.
- Steht das inhaltliche Konzept, ist sodann festzulegen, wer die Kapitel verfasst. Dafür muss mit den betreffenden Co-Autoren Kontakt aufgenommen werden. Die Vorstellung des inhaltlichen Gesamtkonzepts und des Stellenwerts des erwarteten Beitrags des Co-Autors, kann dabei helfen, anfängliche Zurückhaltung gegenüber der weiteren und neuen Herausforderung, einen Buchbeitrag zu verfassen, zu überwinden. Zum Verfassen eines Buchkapitels sind die meisten Wissenschaftler eher bereit als zum alleinigen Schreiben eines ganzen Buches.
- Wenn nun das Autorenteam feststeht, sollte jeder Beitragsautor das detaillierte inhaltliche Konzept seines Kapitels aufschreiben und es mit dem Bucheditor besprechen. Sind diese Pläne in der Diskussion fixiert worden, sollten sie an alle Co-Autoren verteilt werden. So weiß jeder, was die anderen Co-Autoren schreiben werden. Auf diese Weise können wiederholte Diskussionen vermieden und Querverweise gegeben werden, was das ganze Buch kohärenter werden lässt.
- Um eine einheitliche Terminologie und Symbolik sicherzustellen, sollte darüber zu Beginn Einigung erfolgen.
- Das Layout des Buches wird einheitlicher, wenn zu Beginn vom Editor Musterabbildungen verteilt wurden, wobei alle Beitragsautoren diesem Stil zu folgen haben.
- Die Einheitlichkeit der Darstellung kann auch dadurch wesentlich erhöht werden, dass jeder Co-Autor ein Musterkapitel vom Herausgeber als Vorlage für den Schreibstil erhält und sich daran orientiert.

3.6.3 Ein Buchmanuskript selbst schreiben

Viel mehr Arbeit macht es, ein gesamtes Buchmanuskript allein zu verfassen. Von einem wissenschaftlichen Buch wird erwartet, dass es die Grundlagen verständlich darstellt, das Thema eingehend beschreibt und erklärt und bis zu den fortgeschrittensten Anwendungen reicht. Es muss viel länger gültig bleiben als ein Artikel.

3.6.4 Zum Geldverdienen schreiben?

Für Artikel in wissenschaftlichen Zeitschriften werden keine Honorare gezahlt, ausgenommen eingeladene Übersichtsartikel. Die meisten Wissenschaftler betrachten das Publizieren ihrer Ergebnisse als normalen und wichtigen Bestandteil ihrer Arbeit. Da ihnen bewusst ist, dass gute Publikationen Voraussetzung für das Erreichen einer hervorragenden wissenschaftlichen Reputation sind und sehr karrierefördernd sein können, wird keine zusätzliche finanzielle Anerkennung für Publikationen erwartet. Die meisten Publikationen werden darüber hinaus in der Freizeit geschrieben, weil oft im anstrengenden Tagesgeschäft die Ruhe und Zeit dafür fehlen.

Einstein arbeitet beispielsweise an einer Reihe seiner bahnbrechenden Publikationen heimlich neben seiner völlig anders gearteten Tätigkeit im Patentamt (er hatte dafür einen privaten Kasten in seinem Schreibtisch, den er rasch schloss, wenn Kollegen eintraten) oder während er seine Kinder abends auf dem Schoß hatte.

Bei Büchern sieht es finanziell etwas besser für die Autoren aus. Hier wird entweder ein kleiner Einmalbetrag *(flat fee)* oder ein absatzabhängiges Autorenhonorar für komplette Bücher gezahlt. Doch nur in wenigen Ausnahmefällen verdient der Autor eines wissenschaftlichen Buches dabei richtig Geld, wie z. B. Simon Sze, dessen Halbleiterlehrbuch sich 1.000.000-mal verkaufte. Nur mit Standardlehrbüchern und populären Büchern über Wissenschaft kommt ein Wissenschaftsautor eventuell auf einen akzeptablen Stundenlohn. Denn im Normalfall erreichen wissenschaftliche Bücher, die für kleinere Interessentenkreise geschrieben wurden, nicht derartige Auflagen oder die Verbreitung wie populäre Bücher, beispielsweise wie *Harry Potter.* Ein uns bekannter Buchautor berechnete seinen Stundenlohn mit 5 Cent, als er das erhaltene Honorar auf die investierte Stundenzahl umlegte.

Dementsprechend ist der wirkliche Nutzen, den ein Wissenschaftler vom wissenschaftlichen Schreiben hat, nicht materieller Art. Es ist die Befriedigung, die man empfindet, sein lange Zeit akkumuliertes Wissen dokumentiert und ein wenig zum Weltwissen beigetragen zu haben. Natürlich kommen dazu auch ein gewisser Stolz und der Versuch, hierdurch die

Reputation als anerkannter Experte zu erlangen und die Resultate so gut wie möglich zu „verkaufen". Das bedeutet, sie in den renommiertesten, bestzitierten und am weitesten verbreiteten Zeitschriften zu publizieren bzw. die Buchverlage mit dem besten internationalen Vertriebsnetz auszuwählen. Wenn Sie überzeugt sind, einen exzellenten Artikel verfasst zu haben, senden Sie ihn an die Top-Zeitschriften. Versuchen Sie das Höchste, doch bleiben Sie dabei noch realistisch. Bedenken Sie, dass das gedruckte Wort nicht mehr wert ist als das Papier, auf dem es steht, solange es nicht von jemandem gelesen wird, dem es etwas nützt.

Nicht alles, was gedruckt wurde, repräsentiert denselben Wert (Abb. 3.5): identisches Papier und übereinstimmende Größe, aber sehr unterschiedlicher Wert.

Gleiches gilt für eine Fachpublikation: Der wissenschaftliche Gehalt bestimmt ihren Wert. Doch manchmal hat auch das Papier, auf das eine Publikation gedruckt wurde, noch gewissen Einfluss. Einem Artikel, der in der Fachzeitschrift *Nature* erscheint, wird ein größerer Wert beigemessen als einem Artikel in einer kleineren nationalen Zeitschrift.

Abb. 3.5 Nicht alles, was auf Papier gedruckt wurde, hat den gleichen Wert

3.7   Was man tun oder lassen sollte

Do   Wählen Sie den geeigneten Inhalt für Ihren Artikel aus.

Don't   Überladen Sie den Artikel nicht mit irrelevanten oder peripheren Informationen.

Do   Wählen Sie den für Ihre Arbeit geeigneten Artikeltyp.

Don't   Verbauen Sie sich nicht die Möglichkeit einer herausragenden, tiefgründigen Publikation durch übereiliges Publizieren einer *short note.*

Do   Wählen Sie die richtige Publikationszeit.

Don't   Reduzieren Sie nicht die Wirkung Ihrer Arbeit durch zu frühes oder zu spätes Publizieren. Verpassen Sie nicht eine mögliche Patentanmeldung.

Do   Strukturieren Sie Ihre Publikation logisch.

Don't   Diskutieren Sie nicht Ergebnisse, bevor sie dargestellt wurden.

Do   Zielen Sie auf das Publizieren in einer angesehenen wissenschaftlichen Zeitschrift.

Don't   Verstecken Sie Ihre Ergebnisse nicht durch das Veröffentlichen in einer Zeitschrift, die entweder ein niedriges Niveau oder geringe Verbreitung hat oder nicht englischsprachig ist.

Do   Publizieren Sie nur wahre und bestätigte Ergebnisse.

Don't   Opfern Sie nicht die Gründlichkeit der Publikationsgeschwindigkeit.

Do   Führen Sie alle Kollegen als Autoren an, die wesentliche Beiträge zu dem Artikel geliefert haben.

Don't   Vergessen Sie nicht, jegliche Unterstützung durch Kollegen und Geldgeber anzuerkennen.

Do   Befolgen Sie die Regeln und die Richtlinien des Copyrights.

Don't   Unterlassen Sie jegliche Art von Plagiaten.

Do   Diskutieren Sie Ihre Ergebnisse mit Bezug auf das von anderen Publizierte.

Don't   Vergessen Sie nicht, die wesentlichen Arbeiten zu zitieren.

Do   Wählen Sie einen attraktiven und kurzen Titel. Stellen Sie sicher, dass Abstract und Schlussfolgerungen auf den Punkt genau formuliert sind.

Don't   Vermeiden Sie, zu viel Detailinformation in Titel, Abstract und Schlussfolgerungen hineinzupressen.

Do   Beachten Sie die formalen Anforderungen der Zeitschriften bezüglich Schreibstil, Umfang, Formatierung und Sprachqualität.

Don't   Seien Sie nicht verärgert, wenn Sie aufgefordert werden, Ihren Artikel zu überarbeiten

4

Kultur und Ethik des wissenschaftlichen Publizierens

Nach den konkreten Hinweisen zum Schreiben eines eigenen wissenschaftlichen Artikels in Kap. 3 möchte ich einige allgemeinere Bemerkungen zur Kultur und Ethik des wissenschaftlichen Publizierens machen und einige Formfragen besprechen. Diejenigen Leser, die ausschließlich am Rat zum Verfassen von Artikeln interessiert sind, können dieses Kapitel weglassen, auf die Gefahr hin, einige interessante Nebenaspekte zu verpassen.

4.1 Zweck des wissenschaftlichen Publizierens

In diesem Abschnitt werden wir sehen, dass wissenschaftliches Publizieren verschiedenen Zwecken dient. Diese können wie folgt zusammengefasst werden:

- Dokumentation des Wissens,
- Diskussionsforum als Motor für weiteren Fortschritt,
- Lieferung von Information,

© Springer-Verlag GmbH Deutschland, ein Teil von Springer Nature 2019
C. Ascheron, *Wissenschaftliches Publizieren und Präsentieren*,
https://doi.org/10.1007/978-3-662-58053-0_4

- Lehre,
- Etablierung von Prioritätsrechten,
- Unterstützung der wissenschaftlichen Karriere.

4.1.1 Pflicht zu publizieren

Es ist die Aufgabe eines Wissenschaftlers, neues Wissen zu kreieren, wie das Wort „Wissenschaft" suggeriert: „Wissen schaffen". Viele Wissenschaftler wenden sich ihrem Forschungsgebiet aus einer gewissen wissenschaftlichen Neugier zu und um geistige Befriedigung im Entdecken von Neuem und im Erbringen eines Beitrags zum Wissen der Menschheit zu finden. Doch wissenschaftliche Forschung wird nicht unterstützt, um Wissenschaftlern allein ihr geistiges Vergnügen zu erlauben. Das Ziel ist das Erbringen eines Beitrags zum Gesamtwissen, um die Welt durch neue Erkenntnisse zu verbessern.

Wenn ein Wissenschaftler seine Forschung durchführte, ohne die Ergebnisse zu publizieren, wäre es so, als ob eine Firma etwas produzieren, aber nicht verkaufen würde. Und so wie die Firma Bankrott gehen würde, verlöre der Wissenschaftler die notwendige Unterstützung für seine Arbeit, wenn er deren Ergebnisse nicht bekannt machte. Schließlich müsste er seine Forschung einstellen. Weil die meiste Forschungsunterstützung direkt oder indirekt aus öffentlichen Geldern kommt, ist es eine moralische Pflicht für einen Wissenschaftler, das neue Wissen nicht nur zu produzieren, sondern auch zu verbreiten.

Durch die Publikation in wissenschaftlichen Zeitschriften wird das neue Wissen sowohl für die gegenwärtige und zukünftige Generationen von Wissenschaftlern verfügbar gemacht, als auch gespeichert. Auf diese Weise bringt jede einzelne Publikation einen kleinen Beitrag zum Weltwissen.

4.1.2 Motor für den wissenschaftlichen Fortschritt

Wissenschaftliche Publikationen stellen ein bedeutendes Forum für den Informationsaustausch und die Diskussion wissenschaftlicher Ergebnisse dar. Bevor ein Konsens über neue Interpretationen erreicht wird, sind mehrere Publikationen unterschiedlicher Autoren zum gleichen Thema und eine intensive Diskussion der neuen Ergebnisse darin notwendig. Um Duplizierungen von Arbeiten zu vermeiden und damit der Verschwendung von intellektueller Kapazität und Forschungspotenzialen entgegen zu wirken, ist es essenziell, die wissenschaftliche Literatur kontinuierlich zu verfolgen. Wenn Sie die wissenschaftliche Literatur gründlich lesen, bevor Sie ein neues

Forschungsprojekt beginnen, können Sie vermeiden, das Rad noch einmal zu erfinden.

Ohne genügend wesentliche Publikationen hätten die meisten Forschungsgebiete kaum Fortschritte erreichen können. Betrachten Sie nur die Entwicklung der Röntgenphysik oder der Hochtemperatur-Supraleitfähigkeit. Grundlegende Arbeiten [36] haben eine Lawine weiterer Publikationen ausgelöst. In Abb. 4.1 kann der Einfluss des 1986 erschienenen Artikels von Bednorz und Müller über die Hochtemperatur-Supraleitfähigkeit [37] klar erkannt werden.

4.1.3 Prioritäten sichern

Eine weitere wichtige Funktion des wissenschaftlichen Publizierens ist das Absichern von Prioritäten über die Erstentdeckung oder Erstentwicklung von Ideen. Die Prioritätsrechte werden dabei durch das Einreichungsdatum und nicht durch das Publikationsdatum der Arbeit bestimmt. Die meisten Wissenschaftler messen Prioritätsrechten große Bedeutung bei.

Dies ist sehr verständlich, denn eine dokumentierte herausragende wissenschaftliche Entdeckung kann bedeutenden Einfluss auf das Ansehen und die wissenschaftliche Karriere eines Wissenschaftlers bis hin zum Nobelpreis haben. Oft werden neue Effekte nach ihrem Entdecker benannt, d. h.

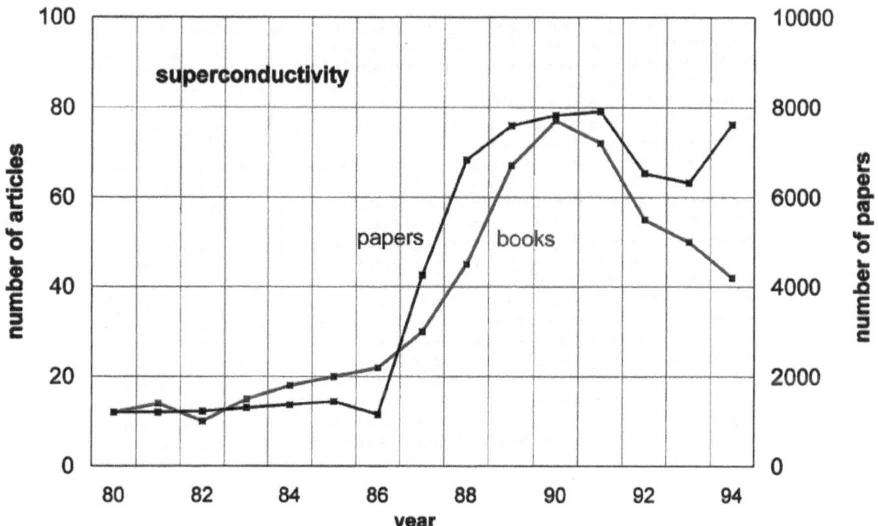

Abb. 4.1 Entwicklung der Anzahl publizierter Artikel zur Supraleitfähigkeit in den ersten Jahren nach Entdeckung der Hochtemperatur-Supraleitfähigkeit

nach dem, der zuerst in der Literatur darüber berichtete, denken Sie z. B. an das Planck'sche Wirkungsquantum, die Röntgenstrahlen, den Haber-Prozess oder das Hodgkins-Syndrom, um nur einige zu nennen. Nobelpreise sind immer auf die entsprechende Publikation zurückzuführen, da die schriftliche Dokumentation des Ergebnisses verlangt wird.

Im Jahr 2003 arbeiteten einige Gruppen, eine am Max-Planck-Institut für Quantenoptik in München, eine am MIT und eine am National Institute of Standards in Boulder an der Entwicklung des Atomlasers. Es war ein Kopf-an-Kopf-Rennen. Und schließlich reichten die amerikanischen Kollegen und die MPG-Gruppe ihre Publikationen dazu ein, mit nur einer Woche Unterschied. Der geringe zeitliche Verzug reichte den US-Gruppen aus, den Nobelpreis zu bekommen.

Noch im letzten Jahrhundert gab es einen Trick, mit dem Wissenschaftler ihre Prioritäten sichern konnten, bevor sie ihre Ergebnisse in zusammenfassender Form publizierten. Es war erlaubt, an eine Zeitschrift einen versiegelten Umschlag, einen sogenannten *pli cacheté*, zu senden. Damit war durch den Posteingang das Einreichungsdatum dokumentiert. Der Autor entschied über das Öffnungs- und Publikationsdatum. So wurden Konkurrenten nicht zu früh aufmerksam gemacht und weitere Fortschritte konnten im Stillen erreicht werden. Wenn nun jemand mit einer vergleichbaren Arbeit auftrat, konnte der Ersteinreichende seine Prioritäten sichern. Diese Praxis wurde im 18. Jahrhundert von vielen Mitgliedern der Académie Royale des Sciences genutzt. Im Jahre 1747 deponierte Alexis-Claud Clairaut z. B. vier *plis cachetés* und Jean d'Alembert zwei, weil sie in Konkurrenz mit Leonhard Euler gleichzeitig am Dreikörperproblem arbeiteten, um die Bewegung der Monde von Jupiter und Saturn zu beschreiben.

Doch dieses System wurde nach bekannt gewordenem Missbrauch aufgegeben. Ein Autor hatte zwei völlig verschiedene Lösungen eines Problems hinterlegt, da er sich nicht sicher war, welche von beiden richtig sei. Der Trick flog auf, als er beim Publizieren der richtigen Lösung durch einen anderen Kollegen den falschen Umschlag bezeichnete. Indem er seinen Fehler zu korrigieren suchte, wurde der Schwindel offenbar, was zum Ende der Praxis des *pli cacheté* führte.

4.1.4 Weiterer Nutzen für den Einzelnen

Alle aktiven Forscher lesen regelmäßig die neue wissenschaftliche Literatur, vor allem Zeitschriften, um über die Fortschritte auf ihrem Gebiet informiert zu sein. Auch fortgeschrittene Studenten, die an der Diplomarbeit oder Promotion arbeiten, und postgraduale Wissenschaftler, die sich in ein neues Gebiet einzuarbeiten haben, müssen sich dafür zuerst mit der einschlägigen wissenschaftlichen Literatur vertraut machen, um auf den aktuellen Stand des Wissens zu gelangen.

Ohne das gründliche Lesen der wissenschaftlichen Literatur würden viele Dissertationen und Publikationen nur die Wiederholung von bereits Publiziertem darstellen und nicht angenommen werden, wenn die Gutachter gründlich prüfen (Bedingung für die Annahme ist die neue Lösung eines wissenschaftlichen Problems). Um eine solche Zeitverschwendung zu vermeiden, müssen die einschlägigen Zeitschriften regelmäßig gelesen werden, auch sollte darüber hinaus Gebrauch von elektronischen Informationssystemen gemacht werden.

Die schriftliche Dokumentation und Verfügbarkeit des akkumulierten Wissens – ganz gleich ob gedruckt oder elektronisch – ist unabdingbare Voraussetzung für den wissenschaftlichen Fortschritt. Vor der Erfindung der Druckkunst und des Schreibens konnte das Wissen von Generation zu Generation nur mündlich überliefert werden.

Auch wenn unser Gehirn sehr leistungsfähig ist, kann es doch bei Weitem nicht so viel Information speichern, wie insgesamt schriftlich dokumentiert ist. Wenn wir wissen, wo wir finden können, was wir suchen, sei es in einem Buch, einer Zeitschrift oder in elektronischen Informationsmedien, dann können wir unser Gehirn von Erinnerungsarbeit befreien und haben mehr Kapazität für kreativere Arbeit. Auch dieser Aspekt unterstützt den raschen Fortschritt der Wissenschaft in der Neuzeit.

Das Publizieren der eigenen neuen Ideen und Ergebnisse ist wesentlich für die Anerkennung eines Wissenschaftlers in der internationalen wissenschaftlichen Gemeinschaft und für die Karriereentwicklung.[1] Wenn Sie häufiger Einladungen erhalten, bei großen internationalen Konferenzen Hauptvorträge oder Plenarvorträge zu halten, Übersichtsartikel, Buchkapitel oder Bücher zu schreiben, dann haben Sie es geschafft und können sich als gut etabliert betrachten. Bis das erreicht ist, müssen Sie Ihren Publikationsaktivitäten große Aufmerksamkeit widmen. Die Liste der publizierten Artikel und gehaltenen Vorträge ist neben der Zitierungshäufigkeit ein Hauptkriterium für den Erfolg, bei der Besetzung einer Position ausgewählt zu werden.

---

[1]Die Bedingung für die Anerkennung der Zitierbarkeit ist das Erscheinen des Beitrags in einer regulären Zeitschrift mit einer ISSN oder einem regulären Buch mit ISBN. ISSN heißt International Standard Serial Number und ist der Identifikations-Code von Periodika. Jede wissenschaftliche Zeitschrift und jede Buchserie hat eine achtstellige ISSN, die vom International Serials Data System in Paris vergeben wird. Für Bücher gilt die ISBN (International Standard Book Number), die durch die Library of Congress in Washington vergeben wird. Diese zehnstellige Nummer charakterisiert die Sprachdomäne des entsprechenden Verlages, den Verlag selbst sowie das individuelle Buch und endet mit einer Prüfziffer, die Verwechslungen ausschließen soll.

Auch bei der Vergabe von Forschungsprojekten wird auf wissenschaftliche Veröffentlichungen Wert gelegt. Je umfangreicher Ihre Publikationsliste ist, desto besser sind Ihre Chancen, das nächste Niveau Ihrer beruflichen Entwicklung zu erreichen.

Es gibt keine festen Regeln dafür, wie viele Publikationen man auf welcher Stufe haben muss, doch einige allgemeine Erfahrungswerte können angegeben werden. Es wird nicht gefordert, eine Publikation in Verbindung mit der Diplomarbeit zu haben. Aber eine gute Diplomarbeit sollte zu einer Publikation der Ergebnisse führen, normalerweise als Co- Autor mit dem Betreuer.

Im Verlaufe der Anfertigung einer Dissertation sollten einige Publikationen entstehen. Dies können Originalarbeiten, Kurzpublikationen in Zeitschriften oder Konferenzvorträge (durch den Konferenzband dokumentiert) sein. Die geforderte Anzahl variiert von Universität zu Universität stark. In Japan genügte ein Artikel, an manchen deutschen Universitäten werden mindestens fünf Artikel erwartet.

Als postgradualer Assistent (oder *assistant professor* an amerikanischen Universitäten) ist es auf dem Weg zur *tenure* (ein System, das es in Deutschland nur an wenigen Universitäten gibt und die Entwicklung vom *assistant professor* über *associate professor* bis hin zum *full professor* an derselben Universität ermöglicht) ein unabdingbares Muss, viele gute Publikationen zu verfassen. Vor dem Eintritt in die nächste Stufe werden die wissenschaftlichen Aktivitäten des Kandidaten kritisch bewertet. Um das Professorenniveau zu erreichen, egal ob in Europa, den USA oder in Asien, werden zumindest 20 Originalarbeiten, 50 Kurzpublikationen *(short notes* oder *letters)* und ein Übersichtsartikel erwartet.

Auf diese Weise werden die Meilensteine dokumentiert, die Sie im Laufe Ihrer Forschungsarbeiten gesetzt haben. Während in Deutschland bislang die Habilitation eine unabdingbare Voraussetzung für eine Berufung zum Professor war, werden mittlerweile auch einer Habilitation vergleichbare Leistungen anerkannt, was eine *associate professorship* an einer ausländischen Universität oder die Leitung einer größeren Forschungseinheit in einem Industrielabor sein kann, wenn dies durch entsprechende Publikationen untermauert wird. Auch ist das Verfassen einer Habilitation dadurch sehr erleichtert worden, dass eine zusammenhängende Kollektion von Publikationen in Verbindung mit einem übergreifenden Vorwort als Habilitationsarbeit anerkannt wird.

Doch man sollte nicht glauben, dass die Publikationsanzahl allein entscheidend sei. Dann wäre jemand, der seine Ergebnisse in einer Salamitaktik in kleinen Portionen verkauft, in einer besseren Position als jemand, der wenige, aber umfangreichere Publikationen verfasst. Die Qualität der Arbeiten wird auch bewertet. Ein zusätzliches Kriterium, das seit ca. 1995 Einzug gehalten hat, ist die Bewertung des Einflusses *(impact)*, den eine Publikation hat, ausgedrückt in der Zitierungshäufigkeit in Publikationen anderer Kollegen. Diese Zählung findet durch den Science Citation Index statt, der durch das Institute for Scientific Information (ISI) kreiert wird.[2]

Häufig zitierte Arbeiten werden höher bewertet und bringen dem Kandidaten mehr Prestigegewinn als selten oder nie zitierte Arbeiten. Doch dieses Kriterium sollte angemessen angewendet werden: Es gibt in Gebieten, auf denen viele Wissenschaftler tätig sind, im Hauptstrom der Forschung eine viel größere Chance, hoch zitierte Arbeiten zu bekommen als in kleineren Forschungsgebieten oder bei der Eröffnung eines neuen Forschungsfeldes. Deshalb sind beispielsweise unter den 100 meist zitierten Physikern nur wenige Nobelpreisträger zu finden. Auch ist es falsch, die Publikationen nur nach dem Prestige oder *impact factor* (durchschnittliche Zitierungsrate) der Zeitschrift zu beurteilen, bei der die Arbeit erschien, wie es irrtümlich durch viele Berufungskommissionen geschieht. Der *impact factor* einer Zeitschrift ist nicht repräsentativ für den Einzelartikel. Einerseits werden ca. 50 % aller Publikationen nie zitiert, und andererseits gibt es viele Artikel, die die durchschnittliche Zitierungsrate der entsprechenden Zeitschrift übertreffen.

Wenn jemand erst einmal eine beamtete Professur erreicht hat, dann nimmt der Druck zum Publizieren etwas ab. Die positive Seite dabei ist, dass dann ein Professor mehr Zeit für Lehraufgaben, Projektbeschaffung und das Leiten der Forschungsgruppe hat. Der Professor profitiert beim Publizieren davon, dass in der Gruppe Studenten und Doktoranden Ergebnisse produzieren und der Leiter Co-Autor wird. Die Aufgabe eines Professors als Mentor, Wegbereiter, treibende Kraft, informierter Diskussionspartner, Ideenlieferant, Projektgeldbeschaffer usw. qualifiziert für eine Co-Autorenschaft der Publikationen der Studenten und jüngeren Kollegen. Wenn ein Professor in diesen Aufgaben erfolgreich ist und weiterhin hervorragende wissenschaftliche Arbeiten initiiert, dann hat er das Ziel vieler anstrengender Jahre erreicht und genießt auch die Anerkennung im internationalen Kollegenkreis.

---

[2]ISI publiziert auch eine Vielzahl anderer Statistiken und abgeleiteter Informationen. Beispielsweise kann man für jedes Wissensgebiet und für jede Zeitschrift die Halbwertszeit der Zitierungshäufigkeit eines Artikels erfahren. Außerdem gibt es die Information über die Publikations- und Zitierungsraten von Wissenschaftlern, Instituten und Ländern. Eine vollständige Beschreibung der über ISI bestehenden Möglichkeiten würde hier zu weit führen.

4.2 Typen wissenschaftlicher Publikationen

Nachdem die Details wissenschaftlicher Publikationen bereits besprochen wurden, ist es nützlich, eine Übersicht über die verschiedenen Arten wissenschaftlicher Publikationen zu geben. Ich werde mit der einfachsten und am schnellsten zu bewerkstelligenden Art beginnen und dann zu den anspruchsvolleren, aufwendigeren und konventionelleren Publikationsarten übergehen.

4.2.1 Eigene Homepage oder Preprint-Server

Der einfachste und schnellste Weg, Ihre Entdeckungen zu publizieren, also „publik zu machen", ist über Ihre eigene oder die Instituts-Homepage.

Wenn Sie allerdings Ihre Ergebnisse allein auf diese Weise bekannt zu machen suchen, dann hat das den Nachteil, dass nur eine sehr beschränkte Anzahl von Wissenschaftlern darauf aufmerksam wird. Außerdem gibt es bei dieser Art von Publikation keinerlei Qualitätsprüfung durch Gutachter *(peer reviewing)*, weshalb derartigen Publikationen nur mindere Bedeutung beigemessen wird. Diese „Pseudopublikationen" sind als zusätzliche, aber nicht als einzige Möglichkeit zu empfehlen. Hierbei ist es schwer, Prioritätsrechte wie bei einem Zeitschriftenartikel zu sichern.

Platzieren Sie Ihre Arbeit auf einem wohl organisierten und anerkannten Preprint-Server, so ist die Wahrscheinlichkeit dafür, dass Ihre Arbeit gelesen und eventuell auch zitiert wird, höher. Auch kann sie mit dem Digital Object Identifier (DOI) zitiert werden, wie ein Zeitschriftenartikel. Gegenwärtig ist der am meisten akzeptierte Preprint-Server auf dem Gebiet der Physik das e-print-Archiv http//:arxiv.org. Dieser Preprint-Server ist genauso gut wie eine wissenschaftliche Zeitschrift organisiert und wird von vielen Wissenschaftlern benutzt. Es gibt auch eine gewisse Anfangshürde dafür, dort einen Artikel platzieren zu können: Man muss eine vorangegangene Publikationsaktivität in Zeitschriften aufweisen oder braucht eine Empfehlung eines angesehenen Wissenschaftlers.

Es gibt hierbei vorab keine Qualitätsprüfung und Bestätigung der Ergebnisse durch Experten wie in wissenschaftlichen Zeitschriften *(peer reviewing)*, jedoch im Nachhinein Kommentare dazu. Nur diejenigen Artikel, die später in wissenschaftlichen Zeitschriften erscheinen, genügen diesem Kriterium. Oftmals erlauben Zeitschriften, dass Artikel bereits vor dem „richtigen" Publizieren auf einen Preprint-Server gestellt werden.

4.2.2 Konferenzbände

Das bei Konferenzen in Form von Vorträgen oder Postern vorgestellte Material wird im Nachhinein in Konferenzbänden, *proceedings,* dokumentiert. Der Konferenzband kann eine spezielle Ausgabe einer regulären Zeitschrift oder ein Buch sein.

Wenn Sie einen Konferenzbeitrag in einer Zeitschrift oder einem regulären Buch mit ISBN haben, so ist das der einfachste Weg, zu einer zitierbaren Publikation zu gelangen. Manche Konferenzen publizieren lediglich Abstract-Bände. Dies sind jedoch keine zitierbaren Publikationen.

Normalerweise gibt es bei Konferenzbänden strikte Umfangsbegrenzungen, z. B. zwei Seiten für Kurzbeiträge, vier Seiten für eingeladene Hauptvorträge, sechs Seiten für Plenarvorträge. Weil darin die Ergebnisse nicht umfassend diskutiert werden können, ist dies die einzige Art von Publikationen, bei denen ein nochmaliges Publizieren desselben Materials in einem anderen Medium akzeptiert ist, allerdings nur dann, wenn der Inhalt wesentlich weiter geht. Ansonsten dürfen Ergebnisse nur einmal publiziert werden.

4.2.3 Publikationen in Zeitschriften

Der wichtigste und effektivste Kanal für die rasche Verbreitung neu gewonnenen Wissens sind Zeitschriftenpublikationen.

Typen von Zeitschriftenartikeln
Die Zeitschriftenartikel werden in drei Hauptkategorien unterteilt:

Übersichtsartikel Dabei handelt es sich um relativ lange und umfassende Artikel, die einen zusammenfassenden Statusbericht über den Stand der Forschung auf einem speziellen Gebiet abgeben. Sie werden im Regelfall nur von führenden Experten auf Einladung durch eine Zeitschrift verfasst. Viele Zeitschriften haben zu Beginn ein bis zwei Übersichtsartikel. Es gibt jedoch auch Zeitschriften, die ausschließlich Übersichtsartikel publizieren, wie z. B. *Review of Modern Physics.* Die übliche Länge von Übersichtsartikeln liegt zwischen 20 und 100 Seiten, in Ausnahmefällen bis 200 Seiten, kann also fast Buchumfang erreichen. Im Unterschied zu einer Originalarbeit muss bei einem Übersichtsartikel der Hauptgehalt nicht aus der eigenen Arbeit des Autors resultieren. Denn hierin wird eine kritische Übersicht über den Stand des Wissens auf einem speziellen Gebiet gegeben, d. h., es werden im Wesentlichen Arbeiten anderer Kollegen diskutiert. Allerdings nehmen die eigenen Arbeiten des Autors oft breiteren Raum in einem Übersichtsartikel ein. Ein guter Übersichtsartikel sollte das Gebiet so umfassend wie möglich darstellen, mit den Pionierarbeiten auf dem Gebiet beginnen und die jüngsten wesentlichen Publikationen einschließen. Besonders für Neueinsteiger ist es sehr nützlich, sich einen Überblick über das neue Forschungsgebiet anhand eines Übersichtsartikels zu verschaffen, zusätzlich zum Lesen der einschlägigen Bücher. Auch für Studenten in der Qualifikationsphase ist das Lesen eines Übersichtsartikels sehr nützlich. Das Anliegen eines Übersichtsartikels ist, ähnlich dem eines Buches, ein Gebiet umfassend darzustellen. Auch bei sehr langen Übersichtsartikeln gibt es jedoch noch einen wesentlichen Unterschied zum Buch. In Zeitschriftenartikeln werden aus Platzgründen die Grundlagen nicht dargelegt. Wegen des umfassenden Inhalts und der damit verbundenen größeren Attraktivität werden Übersichtsartikel viel häufiger zitiert als alle anderen Artikel. Doch oftmals sind Zitate von Übersichtsartikeln eigentlich geborgte Zitate der darin diskutierten anderen Artikel, weil die Leser einfach zu faul sind, eine Vielzahl anderer Originalarbeiten zu lesen.

Originalarbeiten Diese Art von Artikeln dient der umfassenden Diskussion von Originalergebnissen durch aktive Wissenschaftler. Darin werden wesentliche neue eigene Ergebnisse experimenteller oder theoretischer Natur, die Art und Weise, wie sie erhalten wurden, und deren Interpretation und Implikationen dargestellt. Ein derartiger Artikel wird üblicherweise verfasst, wenn ein Forschungsprojekt nahezu abgeschlossen ist und der Autor ein so umfassendes Verständnis erreicht hat, um ein komplexes Bild zu entwickeln. Die neuen Ergebnisse müssen durch umfangreiche Literaturdiskussion entsprechend eingeordnet werden, wobei nicht allein unterstützende, sondern auch widersprechende Ergebnisse anderer Kollegen diskutiert werden sollten. Die Zitate sind in einem solchen Artikel fast so bedeutend wie der neue Inhalt. Die Länge von Originalarbeiten variiert stark um die typische Seitenzahl von etwa zehn Zeitschriftenseiten.

Kurzpublikationen (*letters* oder *short notes*) Wenn es um das rasche Publizieren bedeutender neuer Ergebnisse und das Absichern von Prioritätsrechten geht, werden kürzere und schneller zu verfassende Publikationen gewählt. Diese Kurzartikel sind auf ca. eine bis fünf Seiten beschränkt, in Abhängigkeit von der gewählten Zeitschrift. Sie dienen auch dazu, das breitere Interesse an einem neuen Forschungsgebiet zu wecken. Oft werden derartige Arbeiten als einfache Darstellung neuer Ergebnisse publiziert, bevor die vollständige Interpretation vorliegt. Nachdem weitere Studien durchgeführt wurden, kann dann eine umfassender diskutierende Originalarbeit folgen. Damit dies nicht als Republizieren angesehen wird, sollte dieser Artikel mindestens ca. 50 % zusätzliche Ergebnisse enthalten. Auch dürfen Teile der vorherigen Publikation nicht wörtlich wiederholt werden.

Da die internationalen Zeitschriften weniger in Papierform, sondern im Wesentlichen elektronisch erscheinen und über das Internet zugänglich sind, können die Artikel viel rascher den interessierten Leser erreichen. Dies gilt vor allem für den naturwissenschaftlichen Bereich.

Führende Zeitschriften

Zuerst sollten wir die Frage stellen, wann denn eine Zeitschrift als „führend" bezeichnen werden kann. Als Hauptkriterium wird die Platzziffer betrachtet, die durch den *impact factor* bestimmt wird. Der *impact factor* charakterisiert die durchschnittliche Anzahl von Zitaten pro Artikel einer Zeitschrift innerhalb des zweiten und dritten Jahres nach Erscheinen und wird durch das Institute for Scientific Information (ISI) berechnet. Auf diese Weise reflektiert der *impact factor* außerdem, wie viele Wissenschaftler eine Zeitschrift lesen und welche Beachtung die dort publizierten Artikel finden, was landläufig mit der Bedeutung dieser Artikel gleichgesetzt wird. Doch wie bei allen Statistiken sollte man auch diese nicht überinterpretieren. Sie liefert zusätzliche nützliche statistische Informationen, darf aber nicht als alleiniges Kriterium zur Bewertung der Qualität einer Zeitschrift herangezogen werden. Man muss sich bewusst sein, dass der *impact factor* einer Zeitschrift im Wesentlichen durch die 10 % höher zitierten Artikel bestimmt wird, während die restlichen 90 % geringeren Einfluss darauf haben. So stieg der *impact factor* der führenden Zeitschrift *Nature* im Jahr 2003 um 20 % durch nur zwei extrem hoch zitierte Artikel über das menschliche Genom und über Borkarbid, und der *impact factor* des *Japanese Journal of Applied Physics* verdoppelte sich 1995 durch einen Artikel über Galliumnitrid. Selbst in hoch zitierten Zeitschriften wird die Mehrzahl der Artikel nur wenig zitiert. Wie bereits oben erwähnt, werden 50 % aller Artikel nie zitiert! Manchmal erreicht ein Artikel mehr interessierte Kollegen, wenn er in einer Zeitschrift mit geringerem *impact factor* publiziert wird, falls diese Zeitschrift fast überall in der entsprechenden Wissenschaftlergemeinschaft gelesen wird.

Allgemeine wissenschaftliche Zeitschriften

Die bekanntesten allgemeinen Wissenschaftsjournale sind *Nature* und *Science*. Dort werden nur Artikel von extremer Wichtigkeit angenommen, deren Implikationen weit über ein enges Fachgebiet hinausstrahlen. Da die Rückweisungsrate dieser Zeitschriften bei 95 % liegt, kann man davon ausgehen, dass die dort publizierten Arbeiten die Crème de la Crème der wissenschaftlichen Artikel darstellen, was sich auch in den sehr hohen *impact factor*s dieser Zeitschriften widerspiegelt. Wenn Sie noch ein Novize in der Wissenschaftsszene sind, ist nicht unbedingt zu empfehlen, den Versuch zu unternehmen, bereits Ihre ersten Arbeiten dort zu platzieren, es sei denn, Ihr Professor springt auf und nieder, wenn er Ihre Ergebnisse sieht, und beteiligt sich plötzlich interessiert an Nachtschichten, um rascher zu noch mehr Ergebnissen zu gelangen.

Der Wunsch, einen Artikel in *Nature* oder *Science* unterzubringen ist bei vielen Wissenschaftlern so ausgeprägt, dass Roger Highfield, Wissenschaftsredakteur des London Daily Telegraph, schrieb: „Die meisten Wissenschaftler würden ihre Großmutter dafür umbringen, um in ‚Nature' oder ‚Science' hineinzukommen." Dies sind wissenschaftliche Zeitschriften mit einem extrem hohen Profil und Prestige (Abb. 4.2).

In allen Hauptdisziplinen gibt es andere Standardzeitschriften mit höherem *impact factor*. Dies gilt besonders für Zeitschriften, die ausschließlich Übersichtsartikel publizieren.

4.2.4 Bücher

Bücher stellen die detaillierteste und umfassendste Art wissenschaftlicher Publikationen dar. In einem Buch wird dasjenige Wissen systematisch

Abb. 4.2 Hoch zitierte führende wissenschaftliche Zeitschriften

gezeigt, was in über Hunderten von Publikationen in unterschiedlichen Zeitschriften verteilt zu finden ist. Es wird ein umfangreiches und zusammenhängendes Bild in einem größeren Zusammenhang entwickelt, und die Grundlagen werden verständlich dargestellt. Man sollte daraus immer auch etwas Neues lernen können.

Während es in einer Zeitschrift um die Darstellung neuer Einzelergebnisse geht, finden in ein Buch nur das anerkannte, etablierte Standardwissen und vollständig bestätigte Erkenntnisse Eingang. Bei Lesern von Zeitschriften wird vorausgesetzt, dass sie mit den Grundlagen vertraut sind. Dagegen sollte ein Buch eine lehrhafte Einführung geben, um Zugang zum Thema auch für Nichtspezialisten zu schaffen. Ein Buch ist in jeder Hinsicht detaillierter als ein Artikel und sollte dem Leser helfen, tiefgründige Einsichten zu gewinnen. Die Rolle von Büchern ist anders als die von Zeitschriften. In einer Zeitschrift geht es um die Darstellung kleinerer Informationsmengen in einem Feld in Bewegung, gewissermaßen um „flüssiges" Wissen. Dagegen wird in einem Buch „verfestigtes" Wissen wiedergegeben, das allgemein anerkannt ist. Ein Buch muss verständliche Erklärungen liefern und außerdem die Hintergründe umfassend darstellen. Es ist deutlich umfangreicher und detaillierter als ein Artikel.

Wie bei den Artikeln kann man auch verschiedene Arten von Büchern unterscheiden:

Lehrbücher Besonders wissenschaftliche Publikationen in Buchform spielen eine große Rolle auf allen Niveaus der Lehre. In Lehrbüchern ist das zu erlernende Wissen systematisch und didaktisch organisiert dargeboten. Der Erfolg des Lernprozesses und die Freude am Lernen werden nicht unwesentlich durch gern gelesene Lehrbücher beeinflusst. Wissenschaftliche Lehrbücher und Monografien haben Einfluss auf den Erfolg des Lernens eines Studenten und die Wissensaneignung eines Wissenschaftlers im Selbststudium. Auf sich neu entwickelnden Gebieten muss, nachdem genügend neues allgemein akzeptiertes Wissen gesammelt wurde, dieses auch in Lehrbüchern systematisch zusammengefasst werden, denken Sie z. B. an alles, was mit Nanowissenschaften zu tun hat.

Monografien Diese Bücher werden in einem einheitlichen und didaktischen Stil geschrieben. Jeder Autor sollte ein ausgewiesener Experte auf dem betreffenden Gebiet sein.

Die Autorenzahl ist klein, um die Kohärenz der Darstellung hoch zu halten, wofür im Falle mehrerer Autoren alle Kapitel von jedem Autor überarbeitet werden sollten, damit keine Stilbrüche sichtbar werden. Monografien sollten Meilensteine in den einzelnen Gebieten darstellen. Sie werden für Wissenschaftler und fortgeschrittene Studenten verfasst, die sich in ein neues Gebiet einarbeiten oder ein tieferes und systematischeres Wissen auf ihrem Arbeitsgebiet erwerben möchten.

Editierte Mehrautoren-Bücher Bücher, die durch einen oder mehrere Editoren koordiniert werden, sind wissenschaftliche Statusberichte. Jedes Kapitel hat einen führenden Spezialisten als Autor, der darin das Gebiet wie in einem Übersichtsartikel darstellt, wobei jedoch zusätzlich eine kurze Darlegung der Grundlagen enthalten ist. Ein gründlicher Editor plant den Inhalt, koordiniert die Arbeit der Co-Autoren, achtet auf das Vermeiden von Überlappungen, das Geben von Querverweisen und versucht Kohärenz in die Darstellungen zu bringen, damit das Buch einen umfassenden und konsistenten Überblick gibt. Manchmal ist ein editiertes Buch ebenso kohärent wie eine Monografie. Oft sind derartige Bücher aber nicht konsistent, z. B. durch unterschiedliche Terminologie, und deshalb mehr für bereits auf dem Gebiet erfahrene Wissenschaftler als für Anfänger geeignet. Dementsprechend werden solche Bücher stärker von Bibliotheken als von einzelnen Wissenschaftlern und Studenten gekauft.

Nachschlagewerke und Handbücher In derartigen Büchern werden Daten, Techniken und das verfügbare Wissen in einem Gebiet systematisch und gut strukturiert zusammengestellt. Diese Bücher sind deutlich umfangreicher als die anderen besprochenen Bücherarten, sind inhaltlich viel weiter gespannt, indem gesamte größere Wissensgebiete umfasst werden, z. B. Halbleiterphysik oder Chirurgie, damit auch teurer und deshalb im Wesentlichen für Bibliotheken und Labors produziert. Auf der anderen Seite gibt es auch kleinere Handbücher zu Einzelgebieten, z. B. Auger-Elektronen-Spektroskopie, die auch für den täglichen Gebrauch von individuellen Wissenschaftlern und Studenten produziert werden.

4.3 Ethik des wissenschaftlichen Publizierens

Welche Art von Material ist für eine wissenschaftliche Publikation geeignet? Was ist eine ethisch zweifelhafte Publikation? Um diese Fragen zu beantworten und um einige allgemeine ethische Richtlinien zum wissenschaftlichen Publizieren zu etablieren, haben die Deutsche Physikalische Gesellschaft, die Amerikanische Physikalische Gesellschaft, IEEE, die Amerikanische Chemische Gesellschaft, das National Science and Technology

Council (OSTP), das Büro des Weißen Hauses für Wissenschafts- und Technologiepolitik und viele andere wissenschaftliche Organisationen einen Ehrencode entwickelt und verabschiedet (vgl. z. B. *APS Ethics and Value Statements* 2002 [38]). Dieser Ehrencode versucht, die Kultur des wissenschaftlichen Publizierens zu definieren und sicherzustellen, dass Ehrlichkeit eine Hauptanforderung des gesamten Geschäfts des wissenschaftlichen Publizierens ist. Die wichtigsten Aussagen dieses Ehrencodes sind folgende:

- Publiziere ausschließlich neue und wesentliche Ergebnisse.
- Publiziere nur Originalergebnisse, unterlasse Republizieren von bereits vorher publizierten Ergebnissen.
- Der Inhalt Ihrer Artikel ist wichtiger als deren Anzahl.

Leider ist die Tendenz zu beobachten, dass Quantität über Qualität geht, weil externe forschungsfördernde Agenturen den Erfolg eines Projekts oft an der Anzahl der daraus resultierenden Publikationen messen.

Richtlinien der Amerikanischen Physikalischen Gesellschaft für professionelles Verhalten.

Das Grundgesetz der Amerikanischen Physikalischen Gesellschaft besagt, dass das Ziel der Gesellschaft im Erreichen von Fortschritt und in der Verbreitung von physikalischem Wissen besteht. Es ist das Ziel der folgenden Resolution, die Umsetzung dieses Ziels voranzubringen, indem ethische Richtlinien für die Gesellschaftsmitglieder aufgestellt werden.

Im Folgenden werden Minimalstandards für das ethische Verhalten definiert, die sich auf einige kritische Aspekte des Physikerberufs beziehen:

- Forschungsergebnisse,
- Publikations- und Autorenschaftspraktiken,
- Begutachtung,
- Interessenkonflikte,
- Co-Autorenschaft,
- andere Feststellungen.

Publiziere ausschließlich wahre und bestätigte Ergebnisse. Erfinde und verfälsche Daten nicht

Während ein Prosaschriftsteller frei ist, den Inhalt seiner Romane beliebig zu erfinden, muss wissenschaftliches Schreiben auf Fakten beruhen, d. h. wahrheitsgemäß über Messungen oder Rechnungen berichten. Auch sollten Ergebnisse, die das zu entwickelnde Bild stören könnten, nicht unterdrückt werden. Deshalb ist Genauigkeit wichtiger als die Geschwindigkeit des Publizierens.

Theoretische Resultate sollten gründlich geprüft und experimentelle Ergebnisse zumindest in einer zweiten Messung reproduziert worden sein, bevor sie publiziert werden, um Fehler auszuschließen. Herausragende Ergebnisse – falls Sie das Glück haben, solche zu erreichen – bedürfen außergewöhnlich gründlicher Prüfung. Eine unerwartete große Entdeckung bedarf viel mehr eindeutiger und schlüssiger Beweise als Ergebnisse von Routineuntersuchungen, bei denen die Sachlage bereits grundsätzlich geklärt ist.

Falls Sie doch einmal versehentlich einen Artikel publizieren, der einen grundsätzlichen Fehler enthält, dann sollten Sie diesen durch ein Erratum korrigieren und nicht Anlass zu weiteren falschen Spekulationen geben. Wenn Sie in den folgenden Publikationen den Fehler wiederholen, um nicht Ihr Gesicht zu verlieren, riskieren Sie langfristig bei der Entdeckung viel größeren Schaden für sich selbst.

Akzeptiere intellektuelles Eigentum und Copyright und vermeide jegliche Art von Plagiaten

Kein Forscher, der eine Publikation verfasst, sollte die Ergebnisse von anderen Kollegen benutzen, ohne den Ursprung deutlich zu machen. Sonst wären es Plagiate. Der gröbste Verstoß gegen den Ehrencode ist der Versuch, die Ergebnisse anderer Kollegen unter dem eigenen Namen zu verkaufen. Solche Plagiate werden geächtet.

Die Autorenschaft sollte auf diejenigen Kollegen beschränkt bleiben, die einen wesentlichen Beitrag geliefert haben

Ehrenautorenschaften oder Co-Autorenschaften von Kollegen, die nicht zur Ergebnisgewinnung oder Interpretation mittelbar oder unmittelbar beitrugen, sind zu unterlassen. Manchmal wird versucht, berühmte Namen in die Autorenliste aufzunehmen, damit dadurch der Artikel von führenden Zeitschriften angenommen wird, oder sie werden aus Verpflichtung oder Dankbarkeit genannt. Auf der anderen Seite ist es aber nicht unüblich, den Chef, der erreichte, dass das Projekt gefördert wurde und der zur Diskussion der Ergebnisse beitrug, als Co-Autor zu führen. Doch niemals sollte disziplinarische Gewalt dazu missbraucht werden, den eigenen Namen auf vielen Publikationen zu sehen, wie es leider in zu vielen Einrichtungen gang und gäbe ist.

In einem extremen, uns bekannten Fall zwang der Chef einer Forschungsgruppe, der ausschließlich als Administrator tätig war und keinerlei wissenschaftliche Arbeit mehr leistete, seine Doktoranden und Wissenschaftler, ihn immer als letzten Co-Autor all ihrer Publikationen mitzuführen, wodurch er den Eindruck zu erwecken versuchte, selbst wissenschaftlich stark aktiv zu sein. Nachdem die Anzahl groß genug war, hatte er die Stirn, diese Arbeiten zusammengefasst als Habilitation einzureichen. Überraschenderweise gelang es ihm, diese Hürde zu nehmen, obwohl es in der Promotionskommission vereinzelten Widerstand gab. Manchmal siegt unverschämtes oder kriminelles Verhalten. Doch möchten Sie diese Risiken eingehen? Das Beispiel in Abschn. 4.2.1 zeigt, wie extremes Fehlverhalten die Karriere eines Wissenschaftlers ruinieren kann.

Alle Co-Autoren tragen gemeinsame Verantwortung für den Inhalt des Artikels, über dem ihr Name steht

Für den Inhalt einer Publikation ist nicht allein der Hauptautor verantwortlich, sondern außerdem auch die erfahreneren Kollegen, die den jüngeren Kollegen wissenschaftlich angeleitet haben. Co-Autoren, die kleinere Beiträge geliefert haben, sind für ihren Teil hauptverantwortlich, sollten sich jedoch bemühen, den Teil der anderen Kollegen nach bestem Wissen und Gewissen auf Korrektheit und Richtigkeit zu überprüfen. Jeder Kollege, der nicht bereit ist, die volle Verantwortung für den Artikel zu übernehmen, sollte von einer Co-Autorenschaft Abstand nehmen. Dieser Paragraf wurde dem Ehrencode erst im Jahr 2003 hinzugefügt, nachdem der im Folgenden beschriebene Skandal an die Öffentlichkeit gelangte.

4.3.1 Spektakuläre Fälle von Fehlverhalten beim wissenschaftlichen Publizieren

Trotz der edlen Ziele der Wissenschaft sind Wissenschaftler auch Menschen, die Verführungen zu eventuellem persönlichem Vorteil ausgesetzt sind. In der Wissenschaftsgeschichte gibt es zahlreiche Fälle von sowohl absichtlicher Täuschung als auch nachlässiger Publikationspraxis, die zum Erscheinen sensationeller, aber inkorrekter Ergebnisse führten. Der Fall von Jan Hendrik Schön ist ein spektakulärer Fall eines Wissenschaftsfälschers, der Schande auf sich, seine Kollegen und sein Institut, Lucent Technology, zog.

Jan Hendrik Schön

Im Februar 2000 publizierte Schön, ein junger und vielversprechender Wissenschaftler, einige überraschende Ergebnisse. Schön und seine Partner von Lucent Technology (Bell Labs) hatten an Molekülen, die eigentlich nicht elektrisch leitend sind, Untersuchungen durchgeführt und behauptet, dass sie erreichen konnten, dass sich diese wie Halbleiter verhalten. Diese Arbeit wurde in der führenden Wissenschaftszeitschrift *Nature* publiziert und erregte großes Aufsehen.

In kurzem Abstand, fast wöchentlich, folgten weitere Artikel, von denen insgesamt 14 innerhalb von nur einem Jahr in *Science* und in *Nature* erschienen. Schön berichtete, dass es ihm gelang, weitere Nichtleiter zu Halbleitern zu machen, und dass er deren Eigenschaften als Laser und nicht absorbierende Bauelemente zeigen konnte. Diese Ergebnisse waren revolutionär, und ihre Auswirkungen auf die Elektronik und Computerentwicklung schienen enorm zu sein. Die flexible Polymerelektronik und Nanoelektronik schienen zu neuen Horizonten aufzubrechen. Wie ein Professor der Universität Princeton meinte, hat „Schön die Chemie besiegt". Innerhalb von drei Jahren verfasste Schön insgesamt 90 Artikel. Im Jahr 2001 erhielt er den Preis für den „Durchbruch des Jahres" und noch zahlreiche andere Wissenschaftspreise; doch die meisten Wissenschaftler betrachteten diese Preisverleihung nur als den Anfang und erwarteten bald den Nobelpreis.

Doch plötzlich lief alles für das junge Wunderkind verkehrt. Im April 2002 nahm eine kleine Gruppe von Forschern Kontakt mit Schöns Institut auf und drückte ihre Sorge darüber aus, dass mit Schöns Daten nicht alles in Ordnung sein könnte. Führend dabei war die Princeton-Professorin Lydia Sohn. Sie berichtete, dass sie und Paul McEuen von der Cornell-Universität eines Nachts bei der kritischen Durchsicht von Schöns Publikationen eine ungewöhnliche Übereinstimmung im Untergrundrauschen in Kurven von unterschiedlichen Experimenten fanden. Und einige zeigten sogar dieselben Datenpunkte. Sie sagte: „Man würde Unterschiede im Untergrund erwarten, doch die Kurven waren identisch." Die Skepsis war geweckt.

Noch misstrauischer wurde McEuen, als er Schöns andere publizierte Arbeiten überprüfte. Er fand viele duplizierte Kurven von Messungen völlig unterschiedlicher Systeme. Offenbar benutzte Schön dieselben Abbildungen, um unterschiedliche Geschichten dazu zu erzählen.

Im Mai 2002 informierten McEuen und Sohn die Herausgeber von *Science* und *Nature* über diese Ungereimtheiten. Danach informierten sie auch Schön, seinen Chef, die Leitung von Lucent Technology und seine Co-Autoren darüber, dass sie Alarm schlagen werden. Schön erklärte umgehend, dass seine Messungen korrekt wären und er nur einige Kurven verwechselt hätte, für die er nun Ersatz anbiete. Gegenüber *Nature* erklärte er, er sei „sicher", und gegenüber *Science* sagte er, „ich habe nichts falsch gemacht".

Er konnte keinerlei Messdaten mehr aufweisen, weil sie nicht mehr auffindbar waren und er „seinen Computer neu formatiert hatte". Er und seine Kollegen konnten die suspekten Ergebnisse in keiner Weise reproduzieren. Die eingesetzte Untersuchungskommission unter Leitung des Stanford-Professors Malcolm R. Beasley kam zu der Schlussfolgerung, dass er seine spektakulären

Ergebnisse über molekulare Elektronik frei erfunden hat. Er wurde in 16 von 24 Fällen des wissenschaftlichen Fehlverhaltens für schuldig befunden.

In seiner Antwort an die Untersuchungskommission räumte Schön Fehler ein, sagte aber, dass es nicht seine Absicht war, irgendjemanden in die Irre zu führen. Außerdem schrieb er: „Ich habe die verschiedenen in meinen Publikationen beschriebenen physikalischen Effekte, wie den Quanten Hall Effekt, Supraleitung in verschiedenen Materialien, Lasereffekte und Gate-Modulation in selbstorganisierten Monolagen, beobachtet, und ich bin davon überzeugt, dass sie wirklich auftreten, auch wenn ich sie gegenüber der Untersuchungskommission nicht nachweisen konnte.“

Später meinte er abschwächend eingestehend: „Ich habe nicht gefälscht, sondern nur zukünftige Ergebnisse vorweggenommen.“

Schöns Antwort konnte die Autoritäten nicht überzeugen. So wurde der Fall Jan Hendrik Schön zum spektakulärsten Wissenschaftsskandal in der Physik. Er hatte auch Schande über die Preiskomitees gebracht, weil durch fehlerhafte Entscheidungen herausragende Preise für gefälschte Ergebnisse verliehen worden waren. Die Preise wurden zurückgezogen, und auch die in Aussicht gestellte Position eines Direktors eines Max- Planck-Institutes löste sich in Luft auf. Schließlich wurde er von Lucent Technology gefeuert. Sogar die Verleihung des Doktorgrades durch die Universität Konstanz wurde annulliert, nicht weil bereits die Dissertation gefälscht war, sondern wegen des Schadens, den er der Wissenschaft zugefügt hat. Er bekam niemals wieder die Chance, irgendwo als Wissenschaftler angestellt zu werden. Wer würde in Zukunft seinen Ergebnissen noch Glauben schenken wollen?

Während dieser Zeit arbeiteten etwa 100 Gruppen weltweit daran, Schöns Arbeiten fortzusetzen. Plötzlich hingen begonnene Promotionsarbeiten in der Luft, postgraduale junge Wissenschaftler mussten sich Sorgen um die weitere Finanzierung ihrer Projekte machen, die Karriere von einigen *assistant professors* und Juniorprofessoren schien gefährdet, da ihre Arbeit Experimente beinhaltete, die auf Schöns Publikationen beruhten. Auf diese Weise hat Schön nicht allein seine eigene Karriere ruiniert, sondern zog andere Kollegen mit in den Abgrund.

4.3.2 Andere Fälle von Wissenschaftsbetrug

Zum Schluss möchte ich zu Ihrer Unterhaltung noch einige andere historische Fälle von bekannt gewordenem, spektakulärem Wissenschaftsbetrug aufführen.

1912: Der Mann von Piltdown

In Piltdown, Südostengland, grub der Archäologe Charles Dawson zwei alte Schädel aus und erklärte, dass dieser Fund den Ursprung der Menschheit in Großbritannien belege. Erst 1953 wurde aufgeklärt, dass der „erste Engländer" aus dem Mittelalter stammt und ein Affenunterkiefer dem Schädel hinzugefügt worden war.

1925: Verfälschte Frösche

Der britische Biologe Paul Kammerer wurde als der neue Darwin bezeichnet. Als er vom Magazin *Nature* angeklagt wurde, Bilder von der Froschentwicklung manipuliert zu haben, sah er seine Karriere zerstört und schoss sich eine Kugel in den Kopf.

1989: Kalte Fusion

Am 23.03.1989 verkündeten Stanley Pons und Martin Fleischmann ihre Entdeckung der „kalten Fusion". Dies war die scheinbar spektakulärste Entdeckung der 1980er-Jahre. Doch die Begeisterung verpuffte, als sich herausstellte, dass die Interpretation auf Inkompetenz und Verfälschung bestand. Danach war die wissenschaftliche Reputation von Pons und Fleischmann ruiniert. Sie flohen aus ihren Labors und verbargen sich vor der Öffentlichkeit. „Kalte Fusion" wurde zum Synonym für „wissenschaftliche Falschmeldungen". Es gibt jedoch immer noch einige Gruppen, die vom Nachweis dieses phänomenalen Effekts träumen.

1997: Deutsche Krebsforschung

Ein Aufschrei des Entsetzens ging durch Deutschland, als sich 1997 herausstellte, dass sich zwei prominente Krebsforscher, Marion Brach und Friedhelm Herrmann, über Jahre ihre faszinierenden Ergebnisse zur Krebsaufklärung buchstäblich aus den Fingern gesaugt hatten. Es konnte nachgewiesen werden, dass die Ergebnisse, zumindest die der letzten zwölf Publikationen, frei erfunden waren. Dieser Fall wurde zum bis dahin größten europäischen Wissenschaftsskandal.

2000: Auf frischer Tat ertappt

Der respektable japanische Archäologe Shinichi Fujimori wurde zufällig gefilmt, als er paläontologische Relikte, die er anderswo entdeckt hatte, bei seinem gegenwärtigen Ausgrabungsort wieder vergrub. Er wollte die Entdeckung am neuen Ort als Beweis für die weiter reichende historische Bedeutung des Fundes benutzen, eine Bedeutung, die die Relikte am ursprünglichen Fundort nicht gehabt hätten. Nachdem er auf frischer Tat ertappt worden war, wurde er entlassen. All seine früheren Ausgrabungen wurden nun mit Misstrauen betrachtet, und japanische Geschichtsbücher mussten überarbeitet werden.

2002: Elemente 116 und 118

Es war peinlich, als das berühmte Lawrence Berkeley Laboratorium in Kalifornien im Jahr 2002 bekannt geben musste, dass ein Wissenschaftler die Synthese der neuen chemischen Elemente 116 und 118 frei erfunden hatte. Der bulgarische Wissenschaftler Victor Ninov, der für die Datenauswertung zuständig war, hatte es zuerst mit der Synthese des Elements 116 versucht. Dabei hatte er Glück, dass kurz nach der Publikation des Artikels dazu dieses Element wirklich nachgewiesen werden konnte. Weil dies so gut funktioniert hatte, versuchte er es später noch einmal mit dem Element 118. Doch hier gelang es nirgendwo, den Nachweis nachzuvollziehen. Es kamen Zweifel am Ergebnis auf. Als die Primärdaten überprüft wurden, flog der Schwindel auf und Victor Ninov wurde gekündigt. Es bleibt jedoch die Frage: Wie konnte ein einzelner Wissenschaftler etwas so Bedeutendes wie den Nachweis neuer Elemente fälschen, wo doch eine große Gruppe von Kollegen in die Arbeiten involviert war?

Hwang Woo-suk

Im Jahr 2006 brach die vom koreanischen Shootingstar der Klonforschung Hwang Woo-suk aufgebaute Traumwelt angeblich erreichter Klonergebnisse plötzlich zusammen, als sich herausstellte, dass alle von ihm publizierten spektakulären Resultate leider nur freie Erfindung waren.

4.3.3 Was führt zum Fehlverhalten?

Während alle bisher ausgebreiteten Fälle auf mutwilliger Fälschung beruhen, gibt es auch noch eine breite Grauzone, die man als nachlässige Arbeit auf der Grundlage von Wunschvorstellungen charakterisieren kann. Manchmal werden Forscher etwas realitätsblind, wenn sie etwas messen, was nicht richtig in das Wunschbild passt. Außerdem gibt der Wettbewerbsdruck gelegentlich Anlass, nicht vollständig bestätigte Ergebnisse verfrüht zu publizieren, damit einem niemand zuvorkommt und den Ruhm für die Idee oder den Nachweis erntet. Wenn Sie schnell publizieren müssen, stellen Sie zumindest die Einschränkungen und noch ungeklärten Fragen heraus. So wird Sie niemand für Fehlverhalten anklagen, selbst wenn sich später herausstellt, dass die Interpretation falsch war. Eine mit viel Mühe in langen Jahren anstrengender

Arbeit aufgebaute wissenschaftliche Reputation kann über Nacht durch absichtliche Fälschung von Ergebnissen zerstört werden. Halbwahrheiten und mangelnde Gründlichkeit sollten daher auf jeden Fall vermieden werden.

4.3.4 Sittenwächter

Wer ist für die Einhaltung der ethischen Standards beim wissenschaftlichen Publizieren zuständig? An erster Stelle stehen die Anforderungen an die wissenschaftliche Ehrlichkeit der Autoren. Die Hauptverantwortung liegt beim führenden Autor, der normalerweise der Erstautor einer wissenschaftlichen Publikation ist und den Hauptteil der Untersuchungen durchgeführt hat. Ältere und erfahrenere Co-Autoren, normalerweise die Betreuer oder Gruppenchefs, müssen den Entwurf der Publikation gründlich prüfen und alles streichen, was den Anschein hat, inkorrekt, unbestätigt oder falsch interpretiert zu sein.

Es ist an vielen Einrichtungen eine nützliche Praxis, dass jeder Artikel vor Einreichung bei einer Zeitschrift zuerst vom Chef oder Institutsdirektor bestätigt werden muss, um die Einrichtung nicht durch schlechte Publikationen in Misskredit zu bringen. Dadurch werden auch unnütze, oberflächlich oder schlecht geschriebene Artikel herausgefiltert. So bleibt das wissenschaftliche Prestige des Instituts erhalten (Abb. 4.3).

Es ist nicht immer einfach für einen Gutachter, Plagiate oder Verfälschungen zu erkennen. Normalerweise kann ein Gutachter die Frage: „Sind diese Ergebnisse glaubhaft, oder könnten sie erfunden sein?", nicht ohne Weiteres beantworten Es gibt kaum Möglichkeiten für einen Gutachter, dies im Detail

Abb. 4.3 Beafeater © Andy Hooper/SOLO Syndication/picture alliance

zu überprüfen. Von den vielen Gutachtern, die die Schön-Arbeiten für *Nature* und *Science* referierten, kamen keinem Zweifel daran, dass die Daten wohl eher erfunden als gemessen sein könnten. Die Ergebnisse erschienen zwar einzigartig, aber durchaus möglich. Selbst Plagiate sind schwer zu identifizieren. Wenn die Gutachter auch noch so kompetent sind, können sie nicht alle Artikel kennen und ohne Weiteres erkennen, ob ein Autor von einem anderen bereits vorher publizierten Artikel einfach abgeschrieben hat oder ihn gar im Extremfall noch einmal unter seinem Namen verkauft. Um Plagiate auszuschließen, wird von den Verlagen das iThenticate-Programm angewendet. Dabei wird der Text einer Arbeit mit allen in anderen Zeitschriften oder Büchern publizierten Texten verglichen. Auf diese Weise werden Duplizierungen offenbar und Plagiate oder Selbst-Plagiate vermieden.

Die Tätigkeit der Gutachter trägt wesentlich zum Einhalten der wissenschaftlichen Standards bei. Deshalb darf Gutachtertätigkeit nicht auf die leichte Schulter genommen werden. Gutachter, die nachlässig arbeiten und dadurch ihre privilegierte Stellung in gewisser Weise missbrauchen, begünstigen das Auftreten von Fehlverhalten beim wissenschaftlichen Publizieren. Wenn Sie um ein Gutachten gebeten werden und sich nicht kompetent dazu fühlen, sollten Sie den Artikel an die Zeitschrift zurücksenden oder einen kompetenteren Kollegen darum bitten.

Wie sollten Sie sich verhalten, wenn Sie den Artikel eines Kollegen zur Begutachtung gesandt bekommen, den Sie als direkten Konkurrenten betrachten? Dafür gibt es zwei ethische und eine unethische Möglichkeit: Sie können den Artikel neutral bewerten, ohne durch Konkurrenzaspekte beeinflusst zu sein, oder ihn sofort an die Zeitschrift zurücksenden mit der Bemerkung, dass es einen Interessenkonflikt gibt und ein anderer Gutachter gewählt werden sollte. Die dritte Möglichkeit ist ernsthaftes Fehlverhalten, zu dem eine Reihe von Fällen bekannt ist, speziell zu Artikeln in *Physical Review Letters*. Hier betrachteten in der Vergangenheit einige Gutachter ihre Einflussmöglichkeit als Chance, das Erscheinen eines konkurrierenden Artikels zu verzögern. Es wurden einfach zeitaufwendige Ergänzungen oder Überarbeitungen gefordert. In der Zwischenzeit wurde der eigene Artikel verfasst, auch unter Zuhilfenahme der Orientierung, die von dem anderen Artikel gegeben wurde. So wurde es möglich, dass die eigene Gruppe die erste Priorität schaffende und höchst zitierte Arbeit auf dem entsprechenden Gebiet publizieren konnte. Obwohl dies nicht wirklich zur Priorität bezüglich des Einreichungsdatums führte, denn dieses ist entscheidend, traten sie dadurch als die erst Publizierenden in Erscheinung.

Um zu vermeiden, dass ihm jemand zuvor kommt, hatte der in den USA lebende chinesische Wissenschaftler Chou in der zur Begutachtung eingereichten Version seines Artikels über den neuen Supraleiter $YBa_2Cu_3O_7$ „Yterbium" anstelle von „Yttrium" geschrieben. Als er die Druckfahnen erhielt, korrigierte er ein Element. Überraschenderweise erschien fast gleichzeitig ein anderer Artikel mit der falschen und nicht supraleitenden Zusammensetzung. Es wurde vermutet, dass dieser Artikel vom Gutachter kam.

4.4   Schlussbemerkungen

Obwohl die gezeigte Zusammenstellung den Eindruck erwecken könnte, Wissenschaft sei öfter durch zu schwachen Widerstand gegenüber Verführungen, Schwindel und ernsthaften Vergehen geprägt, ist dies nicht typisch. Wissenschaftliche Arbeit ist überwiegend durch Ehrlichkeit gekennzeichnet. Die meisten Wissenschaftler führen ihre Forschungen durch, um ehrlich neue Phänomene zu entdecken und neue Einsichten in die Natur zu gewinnen und dadurch zum Weltwissen beizutragen, und nicht, um sich zweifelhaften Ruhm zu erschleichen. Obwohl auch Wissenschaftler nicht völlig immun gegenüber Eigeninteresse, übertriebenem Ehrgeiz und der Gier nach Anerkennung sind, verhält sich ihre überwiegende Mehrzahl korrekt und ist nicht von niedrigen Motiven gesteuert. Gegenseitiges Vertrauen und Respekt sind wesentliche Voraussetzungen dafür, dass wissenschaftliche Ergebnisse angenommen werden und zum Fortschritt beitragen können.

5

Verfassen einer Dissertation

Inhaltsverzeichnis

5.1 Was will ich wo machen?

Nehmen wir einmal an, Sie wollen den Weg zur Promotion einschlagen, dann ergibt sich folgende Frage: An welchem Institut, auf welchem Gebiet und bei welchem Professor will ich promovieren? Sie sollten nicht unbedingt einfach den mit der Diplomarbeit eingeschlagenen Weg fortsetzen. Natürlich kann bei der Fortführung des Diplom- oder Masterthemas der Start in die Promotionsphase mit fliegenden Fahnen erfolgen, und Sie bewegen sich weiterhin in vertrauter Umgebung, was durchaus etwas für sich hat. An manchen Universitäten ist es auch möglich, bereits nach dem Bachelor ohne Masterabschluss direkt in den Promotionsstudiengang überzuwechseln, was mindestens ein Jahr spart. Wenn aber die Dissertation nicht geschafft wird, steht man ohne Diplom oder Master da.

© Springer-Verlag GmbH Deutschland, ein Teil von Springer Nature 2019 **143**
C. Ascheron, *Wissenschaftliches Publizieren und Präsentieren*,
https://doi.org/10.1007/978-3-662-58053-0_5

Die entscheidendere Frage ist, welche Spezialqualifikation bei Abschluss der Dissertation wahrscheinlich besonders gefragt sein wird und wo Sie für sich die besten Zukunftschancen sehen. Es geht nicht allein darum, möglichst überschaubar und rasch zur Promotion zu gelangen. In diesem Zusammenhang kann auch die Möglichkeit der Promotion an einem Fraunhofer-, Max-Planck- oder Industrieforschungsinstitut ins Auge gefasst werden. Dort werden normalerweise ebenso gute Forschungsmöglichkeiten wie an Universitätsinstituten geboten. Der Vorteil einer Industriepromotion ist die Zukunftssicherheit, d. h. die sehr wahrscheinliche Übernahme auf eine unbefristete Stelle zur Fortführung der Arbeiten unter Anwendungsaspekten bei einem höheren Einkommen.

Für die Auswahl des Betreuers ist es auch nützlich, bereits vorher Kontakt zu ihm gehabt zu haben. Die Rolle des persönlichen Elements sollte nicht unterschätzt werden. Wenn Sie nun mit dem Gedanken spielen, zu einem anderen Professor oder gleich an eine andere Universität zu wechseln, dann prüfen Sie vorher gründlich folgende Aspekte:

- Sollte ich auf den in der Diplomphase erworbenen Spezialkenntnissen aufbauen oder besser das Gebiet wechseln?
- Will ich eine überwiegend praktisch bzw. experimentell oder eine mehr theoretisch orientierte Arbeit?
- Will ich stärker auf der Grundlage eigener Forschungen und Analysen oder mehr auf Literaturgrundlage arbeiten?
- Will ich mich im Team ähnlich orientierter Doktoranden auf eine Methode konzentrieren oder das Risiko eingehen, etwas ganz allein zu entwickeln, was mit Zeitverzug verbunden sein kann?
- Welcher Thematik möchte ich mich widmen? Will ich im sicheren Umfeld etablierter Forschung ein weiteres kleineres Problem lösen oder mich in die Wellen eines neu aufkommenden und noch nicht völlig ergebnissicheren Forschungsgebiets stürzen? Ersteres führt garantiert zum Erfolg, während Letzteres zwar unsicherer ist, aber man damit berühmt werden kann, wenn erstmalig völlig neue Fragen beantwortet werden.
- Wie vielversprechend ist das mögliche Promotionsthema? Ist das Promotionsgebiet in Entwicklung begriffen und verspricht es auch nach der Promotion noch eine Fortführung der Tätigkeit?
- Verspricht das mögliche Dissertationsthema die Beantwortung der Fragestellung innerhalb von zwei bis drei Jahren, oder gibt es zu viele Unsicherheiten, z. B. einen sehr hohen Zeiteinsatz für den Aufbau von Apparaturen? Es ist nicht zu raten, sich auf Bastelarbeiten mit unsicherem Ausgang und

drastisch verspätetem Beginn der promotionswürdigen Leistung einzulassen, wie zahlreiche Beispiele fehlgeschlagener Promotionsversuche zeigen. Denn die Promotion wird für eine wissenschaftliche und nicht für eine rein technische Leistung vergeben.

- Hat der Professor, der Promotionsbetreuer würde, einen guten wissenschaftlichen, kollegialen und menschlichen Ruf? Normalerweise verfügt der prominenteste Professor über die größten und am besten ausgestatteten Forschungsprojekte.

Es kann durchaus von Bedeutung sein, ob der Betreuer in der wissenschaftlichen Hierarchie von so großer Bedeutung ist, dass er auch Gutachter, möglichst Erstgutachter, werden und damit den Erfolg beim Passieren der Verteidigungshürde positiv beeinflussen kann. Er kann dann unter Umständen die mindestens zwei anderen Gutachter, von denen einer extern sein sollte und die nicht so nahe an der Arbeit dran sind, überzeugen. Und außerdem hat man dann in der Verteidigung zumindest einen engagierten Fürsprecher.

Diese Fragen können Sie zum Teil aus der Ferne klären. Doch es gibt auch einige andere Fragen, die besser vor Ort zu eruieren sind. Manches können Sie besser einschätzen, wenn Sie mit dem Professor und den anderen Doktoranden vor Ort gesprochen haben:

- Wie gut würde die Betreuung sein, und wie persönlich kann sich das Verhältnis gestalten?
- Unterstützt der Betreuer seine Promovenden bei Schwierigkeiten oder lässt er sie allein den Problemen ausgeliefert?
- Wie komme ich mit dem Betreuer aus? Sind wir auf gleicher Wellenlänge?
- Wird der Betreuer mich auch dann unterstützen, wenn ich bessere Ergebnisse als erwartet erhalte oder mich dann als Konkurrenten behindern? Das kann bei Betreuern, die aufstrebende jüngere Wissenschaftler sind, passieren, während dies bei abgeklärten älteren Professoren weniger wahrscheinlich ist.
- Fördert der Professor seine Doktoranden nicht allein beim Erreichen guter Forschungsergebnisse, sondern auch beim Finden guter Stellen danach? So gab es beispielsweise in Würzburg einen sehr gut etablierten älteren Medizinprofessor, der alle seine Habilitanden als Professoren oder Klinikdirektoren untergebracht hatte.
- Kann ich zu den anderen bereits anwesenden Doktoranden ein gutes Verhältnis herstellen und Unterstützung von ihnen erwarten? Die emotionale Komponente des Wohlfühlens am Arbeitsort sollte nicht unterschätzt werden.

- Sagt mir die Umgebung zu (Ort, Gebäude, Räume, Arbeitsbedingungen)?
- Wie lange hat in der betreffenden Gruppe in der Vergangenheit das Promovieren gedauert, und wie hoch war die Erfolgs- bzw. Abbruchquote?
- Wie weit geht die akademische Freiheit und welche Anwesenheitspflicht besteht?
- Haben Doktoranden dieser Gruppe die Möglichkeit, ihre Ergebnisse international vorzustellen, und wurden herausragende Leistungen erreicht?
- Ist der Professor/Betreuer Teil eines wissenschaftlichen Netzwerks, in dem es regen wissenschaftlichen Austausch mit anderen, auch internationalen, Gruppen gibt? Werden z. B. häufig Gastwissenschaftler eingeladen, und geht der Austausch auch in die Gegenrichtung, sodass auch Sie die Gelegenheit bekommen, andere Einrichtungen kennenzulernen und später sicherere Entscheidungen für den nächsten Arbeitsort treffen zu können? Haben Sie als Promovierender die Gelegenheit, ein eigenes internationales Netzwerk aufzubauen, in dem sich eventuell später eine Stelle für Sie selbst ergeben kann? Durch ein solches Netzwerk können viele Aufgaben komplexer gelöst werden, indem die von anderen Einrichtungen gepflegten Methoden einbezogen werden. Die Interdisziplinarität der Forschung nimmt weltweit zu. Deshalb ist disziplinübergreifender Methodentransfer sehr nützlich.

5.2 Auswahl des Themas

Wenn Sie sich nun für eine Forschungsrichtung, den Ort und den Promotionsbetreuer festgelegt haben, beginnen das Nachdenken und die Diskussion über das konkrete Dissertationsthema. Eventuell wird Ihnen Ihr neuer Betreuer die auf dem gewählten groben Forschungsgebiet offenen Fragen darlegen, die Dissertationsthemen werden könnten, oder gleich zu Beginn einen konkreten Vorschlag unterbreiten.

Erbitten Sie sich dann die Zeit, darüber intensiver nachzudenken und sich über den Stand des Wissens auf diesem Gebiet kundig zu machen, bevor Sie die Entscheidung treffen. Als Einstieg kann das Lesen einschlägiger Übersichtsartikel, grundlegender diesbezüglicher Publikationen und der letzten Artikel auf diesem Gebiet helfen, einen konkreteren Überblick zu bekommen. Vielleicht gibt Ihnen Ihr zukünftiger Betreuer dazu bereits eine gewisse Orientierung. Sie können diese aber auch selbst im Internet und den Online-Versionen der Zeitschriften durch Schlagwortsuche finden.

Eventuell ist der aktuelle Wissensstand auf diesem Gebiet auch in einem kürzlich erschienen Buch zusammengefasst, was eine nützliche Einführung darstellt. Gelegentlich sind an den Kapitelenden die noch offenen Fragen dargestellt. Dies könnte auch Anlass zum Nachdenken über mögliche Dissertationsthemen geben. Hierbei ist aber Vorsicht geboten und eine Nachfrage beim betreffenden Autor nützlich, um sicherzugehen, dass diese Themen nicht bereits in seiner Gruppe bearbeitet werden. Denn zweimal dieselben Ergebnisse werden nur im ersten gelösten Fall als Dissertation anerkannt.

Sprechen Sie auch mit Freunden und Kollegen über ein mögliches Dissertationsthema für Sie selbst. Konzentrieren Sie sich aber nicht ausschließlich auf die vom Betreuer vorgeschlagenen Themen. Eventuell ist Ihnen in diesen Diskussionen oder beim Lesen der Artikel noch eine andere interessante Idee gekommen.

Versuchen Sie, sich darüber klar zu werden, welchen wesentlichen neuen Fragen Sie sich in einer eigenen Dissertation widmen könnten. Wenn Sie reizvolle Fragestellungen finden, auf deren Beantwortung Sie bereit sind, für die nächsten drei bis vier Jahre den Hauptteil Ihrer Zeit zu investieren, sollten Sie sich im nächsten Schritt überlegen, wie das grobe Thema in einzelne individuelle, zu bewältigende kleinere Fragestellungen aufgegliedert werden könnte.

Es ist nicht unbedingt erforderlich, den ersten Vorschlag des Betreuers ohne Abwandlungen anzunehmen. Ich nahm bei meiner Dissertation auch nicht den ersten Vorschlag an, der nur eine Fortführung eines bereits in vorangegangen Dissertationen etablierten Themas mit den vorhandenen experimentellen Methoden bedeutet hätte, ohne dass der wissenschaftliche Neuigkeitsgrad wesentlich gewesen wäre. Für den Professor wäre zwar eine gewisse Erweiterung seiner Datenbasis durch einen neuen Messknecht nützlich gewesen, es war aber darin für mich nicht die promotionswürdige Lösung eines neuen Themas zu erkennen. Nach eingehendem Literaturstudium entschied ich mich für ein anderes Thema. Dieses musste ich in langer persönlicher Diskussion gegen die Skepsis des betreuenden Professors durchsetzen. Doch schließlich führte es zum Gustav- Hertz-Preis der Deutschen Physikalischen Gesellschaft für die beste Physikdissertation des Jahres 1980.

5.3 Wie organisiere ich meine Arbeit?

Sie haben nun all diese und noch eine Reihe weiterer für Sie wichtiger Probleme im Vorfeld geklärt und sich für einen Promotionsort, einen Betreuer, eine Gruppe und das Promotionsthema entschieden. Nun beginnt die eigentliche Arbeit.

Die Anforderungen an die verschiedenen Qualifikationsarbeiten können mit einem Wettlauf über verschiedene Distanzen verglichen werden:

- mittlere Distanz (3 km): Master-Thesis,
- lange Distanz (10 km): Dissertation,
- Marathon (42 km): Habilitation.

Entsprechend sind die durchschnittlichen Zeiträume ein, drei und sechs Jahre.

Haben Sie sich nun entschlossen zu promovieren, dann liegt die weitere Verantwortung für das Erreichen dieses Ziels im Wesentlichen bei Ihnen selbst, auch wenn der Betreuer und die Kollegen noch versuchen, Einfluss zu nehmen auf eine verantwortungsbewusste Arbeitsweise. Sie müssen eine große Ausdauer beweisen.

Es ist die Anforderung an eine promotionswürdige Leistung, ein wesentliches wissenschaftliches Problem erstmals und selbstständig neu gelöst zu haben, wie schon oben gesagt wurde. Dies geht weit über die Anforderungen an eine Diplomarbeit oder Master-Thesis hinaus, wo es um das Lösen kleinerer wissenschaftlicher Probleme unter Anleitung geht.

Doch ist eine Promotion nicht dasselbe wie eine Habilitation, bei der es um die Neuentwicklung eines größeren wissenschaftlichen Teilgebiets inklusive erfolgreicher Lehrtätigkeit gehen muss. Entsprechend dem geringeren wissenschaftlichen Umfang einer Dissertation gegenüber einer Habilitation kann es nicht das Ziel sein, alle Welträtsel in dieser Arbeit zu lösen. Der Promovend muss irgendwann den Mut zur Lücke entwickeln. Gerade gute Studenten erreichen diese Einsicht erst sehr spät. Man muss frühzeitig auf ein abgerundetes Ganzes zielen, statt auf eine vollständige und alle möglichen Fragen erschlagende Behandlung des Themas. Bedenken Sie, dass Sie zum Schluss an den meisten Universitäten nicht mehr als 100 Seiten zur Darstellung Ihrer Ergebnisse in der Dissertationsschrift zugebilligt bekommen werden.

5.4 Zeitliche Planung einer Dissertation

Stürzen Sie sich nicht unbedacht in die Planung Ihrer Dissertation. Überlegen Sie zuvor, wie Ihre Arbeit am besten zu organisieren ist, um sie erfolgreich nach drei Jahren einzureichen. Stellen Sie einen detaillierten Plan auf, in dem Sie das große Thema in viele kleinere überschaubare Einzelthemen aufgliedern. Besprechen Sie diesen konkreten Dissertationsplan mit dem

Betreuer und den anderen involvierten Kollegen. Modifizieren Sie den Plan entsprechend den kompetenten Hinweisen anderer. Verankern Sie zum Schluss das Ganze noch zeitlich, indem Sie festlegen, welche Ziele wann erreicht werden sollen. Stimmen Sie auch die zeitliche Planung mit dem Betreuer ab. So haben Sie eine Grundlage dafür, periodisch kleinere Erfolge vor sich selbst abrechnen zu können.

Nun muss die konkrete Planung der Experimente bzw. anderen nötigen Arbeiten erfolgen. Beginnen Sie bald mit den erforderlichen Vorarbeiten. Dann kann es bald mit Ihrer neuen anspruchsvollen Arbeit richtig losgehen.

Vielleicht haben Sie Glück und kommen anfangs wie geplant voran. Doch dann klemmt es plötzlich. Sie erreichen die erwarteten Ergebnisse nicht auf Anhieb, die Reparatur der Apparatur dauert länger als erwartet, die Antworten auf die verteilten Fragebögen gehen nicht ein, der Untersuchungsgegenstand erweist sich als widerborstiger als anfangs gedacht. Ihnen fällt kein Ausweg ein. Oft passiert es, dass ein Doktorand die Motivation verliert, weil überhaupt keine Erfolgserlebnisse eintreten, da er wie ein Maulwurf an der Erfüllung einer sehr komplexen Aufgabe arbeitet und sich die sichtbaren Ergebnisse erst nach längerer Zeit einstellen.

Falls es nicht wie gewünscht vorangehen sollte, kommen manchmal dann fast depressive Gefühle des Verlorenseins oder der fehlenden Kompetenz auf. In einem solchen Fall ist es gut, Freunde unter den anderen Studenten und Kollegen zu haben, die einem helfen oder einen wieder aufrichten. Bei scheinbar unlösbaren Problemen ist es hilfreich, wenn Sie auf die Unterstützung der anderen Doktoranden oder anderer Kollegen und des Betreuers bzw. Professors zählen können. Wenn man aus eigenem Antrieb aus einer Sackgasse überhaupt nicht mehr herauszukommen scheint, ist oft das Gespräch mit kompetenten Außenstehenden rettend.

Um diese negative Erfahrung zu vermeiden, hilft die oben besprochene Untergliederung der gestellten Aufgabe in kleinere, überschaubare und konkrete Teilaufgaben. Beim Abarbeiten der Teilziele sehen Sie periodisch Erfolge und wissen, wo Sie stehen. Das höhere Ziel wird immer nur über viele kleinere Zwischenstufen erreicht. Dazu ist ein Zeitplan eine wertvolle Hilfe. Wenn Sie kontinuierlich Ihren Aufgabenkatalog abarbeiten und die geplanten Ergebnisse produzieren, werden Sie die erlaubte Zeit nicht drastisch überschreiten, wie es viel zu vielen Doktoranden geht, die nur in einer Verlängerungsphase ihre Arbeit noch zustande bekommen. Nehmen Sie Ihren Plan monatlich zur Erfüllungskontrolle zur Hand. Auf diese Weise sehen Sie, wo Sie noch besonders intensiv zu arbeiten haben.

Weil der Fortschritt in der wissenschaftlichen Arbeit nur nach längerer Zeit zu sehen ist, liebte es Albert Einstein, Holz zu hacken. Denn dann sah er das Ergebnis seiner Arbeit unmittelbar.

Um unnötigen Zeitverlust bei unerwarteten Problemen zu vermeiden, empfehlen wir Ihnen, eine komplexe, parallele und nicht nur lineare Arbeitsweise zu entwickeln. Gehen Sie verschiedene Fragestellungen parallel an, dann müssen Sie nicht lange warten, wenn es auf einem Gebiet nicht wie gewünscht vorangeht. Seien Sie bereit, Phasen der Ergebnisauswertung oder des Literaturstudiums in Wartezeiten einzulegen. Vielleicht können Sie zu abgeschlossenen Teilen Ihrer Arbeit in Wartephasen auch schon erste Entwürfe für Teile Ihrer Dissertation schreiben oder abgeschlossene Teilgebiete in ersten Publikationen niederlegen.

Praktizieren Sie nicht allein *learning by doing,* wie es die meisten Doktoranden machen. Versuchen Sie, sich systematisches Wissen zu Ihrem Forschungsgegenstand anzueignen, und lesen Sie auch einmal ein Lehrbuch, eine wissenschaftliche Monografie oder arbeiten Sie ein editiertes Buch als wissenschaftlichen Statusbericht gründlich durch. Denn je tiefgründiger Sie mit der Thematik vertraut sind, umso besser können Sie die neu erreichten Ergebnisse einordnen und Ideen für das weitere Vorgehen entwickeln.

Es ist normalerweise ein sehr langwieriger Prozess, die für die Dissertation notwendigen Ergebnisse zu generieren. Entweder sind umfangreiche experimentelle Arbeiten erforderlich, die Auswertung von Studien und Fragebögen oder zeitaufwendige theoretische Arbeiten und/oder Berechnungen. Auch gehört ein ausführliches Studium der vorhandenen Fachliteratur dazu. Wenn Sie das feste Ziel haben, die notwendigen Ergebnisse im vorgegebenen Zeitrahmen zu produzieren, bedeutet dies für normalerweise drei Jahre eine sehr intensive Arbeit unter Zurückstellung vieler persönlicher und Freizeitinteressen. Gehen Sie diese Zielstellung mit dem festen Willen zum Erfolg an.

Nutzen Sie die gebotenen Möglichkeiten zur Durchführung eigener Experimente intensiv, oder führen Sie am Schreibtisch und Computer Ihre Arbeiten mit hoher Konzentration aus. Bei experimentellen Arbeiten an vorhandenen Apparaturen ist normalerweise die Abstimmung mit anderen Interessenten und technischen Hilfskräften nötig. Doch auch Kollegen können helfen. Ein gutes persönliches Klima ist ergebnisfördernd.

Versuchen Sie auch, in kreativer Umgebung zu arbeiten, um kontinuierlich gute neue Ideen entwickeln zu können. Falls Ihr Arbeitszimmer im Institut zu übervölkert und laut sein sollte, können Sie auch vereinbaren, ungestört in der Bibliothek oder zu Hause zu arbeiten.

Vergessen Sie nicht, in den intensiven Arbeitsphasen auch genügend Schlaf und Entspannung zu haben, damit es nicht zu Burn-out-Erscheinungen kommt.

Vielleicht werden Sie auch die Erfahrung machen, dass die besonders intensive Beschäftigung mit einer Aufgabe, in der man aufgeht und mit der man sich vollständig identifiziert, dazu führt, dass man ein Gefühl für das wissenschaftliche Problem entwickelt. Dies hilft dann, scheinbar komplizierte wissenschaftliche Entscheidungen rasch und intuitiv zu treffen. Dies kann den Fortschritt der eigenen Arbeit stark beflügeln.

Doch versuchen Sie auch, den allgemeinen Überblick zu behalten und sich nicht nur in Detailaufgaben wie ein Maulwurf zu vergraben. Bemühen Sie sich, wie von einer Position von außerhalb Ihre Ergebnisse und Herangehensweise selbstkritisch zu beurteilen. Dies kann zu einem effektiveren Arbeitsstil führen.

5.5   Wie dokumentiere ich meine Ergebnisse?

Machen Sie es sich zur Regel, alle erreichten Ergebnisse zu protokollieren: in einem ständig aktualisierten File auf dem Computer (besser auch noch zusätzlich gesichert auf einem Memorystick oder einer externen Festplatte), handschriftlich in einem Laborbuch oder Notebook, in dem Sie Ihre Fortschritte detailliert festhalten. Es sollte nicht nur eine vielleicht später durcheinander oder abhanden kommende Lose-Blatt-Sammlung sein. Eventuell auftretende Widersprüche sind so besser abzuklären. Vielleicht erscheinen in einem fortgeschrittenen Stadium auch Ergebnisse als nützlich, die anfangs als unbedeutend eingestuft wurden. Eine organisierte Aufbewahrung aller Ergebnisse erleichtert deren spätere Verwertung. Denken Sie daran, dass die protokollierten Ergebnisse auch als juristischer Beleg herangezogen werden können, wenn es um Prioritäten geht. So wurde der langjährige Streit um die Erteilung des Patents für die Erfindung des Lasers an Gould erst auf der Grundlage der beglaubigten Laborprotokolle zu seinen Gunsten entschieden, was ihn schlagartig zum Multimillionär machte, da alle Laserhersteller rückwirkend Lizenzgebühren zu zahlen hatten.

Nachdem Sie nun schon länger an Ihrem Thema arbeiten, viele Untersuchungen oder Berechnungen angestellt haben, ist es an der Zeit, das Erreichte schriftlich in Publikationen zu dokumentieren. Indem Sie eine Publikation verfassen, verdichten und verallgemeinern Sie Ihre Ergebnisse, vergleichen sie mit veröffentlichten Resultaten anderer Wissenschaftler und ordnen Ihre Arbeit ein. Sie gelangen somit zu einer neuen Stufe der Erkenntnis.

Den meisten Wissenschaftlern wurde beim Verfassen von Dissertationen und Publikationen klar, dass dies nicht allein stupides Aufschreiben der

Ergebnisse, sondern ein hoch kreativer Prozess ist. Denn wenn man versucht, alles zusammenhängend und überzeugend darzulegen, werden einem oftmals noch Querverbindungen bewusst. Auch wird man darauf aufmerksam, welche Teilergebnisse eventuell noch fehlen und noch generiert werden müssen. Dann werden gegebenenfalls noch weitere Untersuchungen nötig, um die Probleme als umfassend gelöst darstellen zu können.

Eine bestimmte Anzahl von Publikationen wird als Anerkennung der erbrachten Leistungen durch andere Wissenschaftler vor dem Einreichen der Dissertation erwartet. Dafür werden Ihnen die in Kap. 3 ausgebreitete Information und die Hilfe erfahrener Kollegen nützen. Wenn Sie nun beginnen, Ihre Ergebnisse zu publizieren, erreichen Sie nicht allein eine neue Qualität Ihrer Arbeit, sondern beginnen damit zugleich, in der wissenschaftlichen Gemeinschaft einen Platz einzunehmen. Außerdem können Sie all das, was Sie bereits in Artikeln publiziert haben, blockweise gut für Ihre Dissertation nutzen. Sicherlich kommen auch noch einige Forschungsberichte hinzu.

Je nach Berufsziel haben die Publikationen unterschiedliche Wertigkeit: Für eine Forschungslaufbahn ist es wichtig, viele gute Publikationen in renommierten Zeitschriften zu haben. Wenn das Ziel aber eine Stelle in der Wirtschaft ist, dann kommt den Publikationen nur Bedeutung für das Erreichen des Promotionsziels zu, und dies sollte möglichst zügig geschehen. In diesem Fall können Patentanmeldungen von größerem Nutzen sein.

5.6 Verfassen der Dissertation

5.6.1 Grundlegende Anforderungen an eine Dissertation

Haben Sie nun tatsächlich alle geplanten Ergebnisse zu Ihrer eigenen Zufriedenheit und zu der Ihres Professors erreicht, sodass Sie das gute Gefühl haben, dass es an der Zeit ist, alles in der Dissertation zusammenzufassen, dann können Sie erst einmal aufatmen, vor allem auch, wenn es in der vorgegebenen Zeit geklappt hat. Wenn Sie gar ihre wesentlichen Ergebnisse bereits in Publikationen aufgearbeitet und sie mehr oder weniger nur blockweise umzusortieren haben, um ein Gesamtbild in der Dissertation darzubieten, dann ist das Verfassen einer ca. hundertseitigen Promotionsschrift ein nicht allzu schwieriger Prozess. Die Diskussion ist bereits aufgearbeitet, und alle Abbildungen liegen fertig vor. Auch wird kaum ein Promotionsgutachter in Zweifel ziehen, was Zeitschriftengutachter bereits vorab akzeptiert hatten. Fügen Sie nun die Teile harmonisch zusammen, um Ihre neuen Erkenntnisse verdichtet und überzeugend zu präsentieren. Begründen Sie alle Aussagen so weit wie nötig.

In den meisten Fällen zeigt sich aber bei dem Versuch der zusammenfassenden Darstellung, welche Lücken noch offen geblieben sind; und weitere Arbeit ist oftmals noch erforderlich, wenn man das Ende schon in greifbarer Nähe wähnte. Manchmal kann man dabei das Gefühl bekommen, sich dem ersehnten Ziel nur mit infinitesimalen Schritten zu nähern. Nun ist noch einmal Stehvermögen verlangt. Auch sollten Sie bereits nebenbei die gesamte, für die zu diskutierende Interpretation erforderliche Literatur gesammelt haben. Deshalb ist es wichtig, dass Sie sich kontinuierlich die Zeit nehmen, die wissenschaftliche Literatur auf Ihrem Gebiet zu verfolgen, auch wenn die Tagesaufgaben noch so drängend sind. Es ist zu empfehlen, für das Literaturstudium einen Nachmittag in jeder Woche zu reservieren.

Was sollte eine Dissertationsschrift beinhalten? Sie muss eine eigenständige wissenschaftliche Leistung darstellen, die ein neues wissenschaftliches Problem selbstständig löst. Neuigkeitsgrad und wissenschaftlicher Gehalt der Arbeit sind die entscheidenden Kriterien. Voraussetzung der Arbeit ist, dass der Verfasser untersucht hat, welche Fragestellungen und Probleme in dem von ihm behandelten Themengebiet bestehen und welche Lösungsansätze in der Literatur bereits bekannt sind. Das Entwickeln eigener originärer Lösungen ist entscheidend. Sollte sich herausstellen, dass in Unkenntnis des Promovenden oder seines Betreuers die scheinbar neue Lösung bereits von anderen Wissenschaftlern publiziert wurde, dann ist diese nur reproduzierende Leistung nicht mehr promotionswürdig. Auf keinen Fall sollte eine naturwissenschaftliche oder ingenieurwissenschaftliche Dissertation nur eine Zusammenfassung von Sekundärliteratur (Kommentare, Definitionen, Monografien, Aufsätze etc.) sein.

Allgemein gilt für eine Dissertation: Der Verfasser soll nicht nur berichten, sondern untersuchen, erforschen, Neues finden und erklären.

5.6.2 Formaler Aufbau einer Dissertationsschrift

Eine Dissertation sollte ebenso wie ein Artikel ausgewogen proportioniert sein. Der Schwerpunkt hat auf der Ergebnisdarstellung und Interpretation zu liegen. Alles in Kap. 3 Gesagte sollte auch auf das Verfassen der Dissertation anzuwenden sein. Beachten Sie darüber hinaus die folgenden Punkte:

- Achten Sie auf einen logischen didaktischen Aufbau und eine klare Gliederung der Dissertation. Sie sind das A und O jeder Arbeit. Aus dem Aufbau bzw. der Gliederung Ihrer Arbeit werden Ihr eigenes Konzept und die Logik Ihres Denkens deutlich. Ihr Konzept des Herangehens an das Thema und nicht allein der Inhalt der Arbeit ist Ihre *Handschrift,* die Ihrer Arbeit ihr eigenständiges Gepräge gibt.
- Wählen Sie eine gut strukturierte Gliederung mit nicht mehr als drei Nummerierungsebenen. Stellen Sie sich dabei die einzelnen Überschriften als Fragen vor. Das nachfolgende Kapitel muss die Antwort darauf geben.
- Bringen Sie die Darstellung der Ergebnisse zusammenhängend und nicht zerstückelt. Formulieren Sie die Diskussion verständlich aus. Die Ergebnisse sollten am besten unmittelbar nach ihrer Darstellung diskutiert werden.
- Oft wird der Fehler gemacht, vieles ohne kritische Reflexion mehr oder weniger mechanisch niederzuschreiben. Die Arbeit sollte stattdessen einen eigenen Ansatz verfolgen und das Thema logisch und systematisch angehen.
- In manchen Dissertationen ist die Diskussion etwas mager, und es wird nur ausgeführt, dass etwas *so* ist, aber nicht warum. Das Entscheidende ist jedoch nicht allein das Ergebnis, sondern auch die Begründung dafür, wie man zu dieser Interpretation gelangt ist.
- Stellen Sie eine Einführung voran und legen Sie zu Beginn die Aufgabe und Thematik klar dar. Die Motivation für Ihre Arbeit muss dabei deutlich werden, indem Sie die noch offenen, wesentlichen Fragen im vorhandenen Wissensgebäude herausarbeiten. Stellen Sie die Grundlagen in kurzer Form vor.
- In geisteswissenschaftlichen und manchen medizinischen Dissertationen wird eine Hypothese vorangestellt, die durch die nachfolgende Darstellung bewiesen wird. Dies ist aber im natur- und ingenieurwissenschaftlichen Bereich nicht üblich.
- Danach sollte ein methodischer bzw. experimenteller Teil folgen, in dem Sie erläutern, wie Sie Ihre Ergebnisse gewonnen haben. Haben Sie selbst eine neue Methode im Rahmen Ihrer Arbeit entwickelt, erklären Sie diese ausführlicher als die bekannten benutzten Standardverfahren. Diese sollten abrissartig behandelt werden.
- Der Hauptteil der Arbeit, sowohl im Inhalt als auch im Umfang, ist die Darstellung der Ergebnisse und ihre interpretierende Diskussion. Legen Sie Ihre Ergebnisse dar und diskutieren Sie sie in der notwendigen Breite unter Heranziehung dessen, was von anderen auf Ihrem Gebiet bereits publiziert wurde. Seien Sie sich bewusst, dass inhalts- und umfangsmäßig der Schwerpunkt auf Ihren eigenen Ergebnissen liegen muss.

- Ziehen Sie Schlussfolgerungen am Ende der Kapitel und der Dissertation. Diese Schlussfolgerungen müssen über die engere Ergebnisdiskussion hinausgehen und die weiterreichende Bedeutung der vorgelegten Arbeit deutlich machen.

- Achten Sie dabei auf eine angemessene Schwerpunktbildung. Sie sollten vor allem nicht mit der Arbeit direkt zusammenhängende Passagen zusammenfassen und sich auf dasjenige beschränken, was für die untersuchte Fragestellung relevant ist. Dadurch, dass Sie Randfragen bewusst knapp und wichtige Bereiche ausführlich behandeln, zeigen Sie, dass Sie einen Blick für das Wesentliche haben. Bei wichtigen Kernpunkten müssen Sie aber in die Tiefe gehen.

- Literaturangaben sind wichtig, um die eigene Interpretation mit der anderer Wissenschaftler zu vergleichen und abzusichern. Stellen Sie sicher, die wesentliche relevante Literatur in die Diskussion einbezogen zu haben. Eine Dissertation sollte im Regelfall mindestens 100 Zitate enthalten, meistens jedoch deutlich mehr. Oft gibt schon ein Blick auf das Literaturverzeichnis Aufschluss darüber, wie gründlich der Verfasser gearbeitet hat und wie vertraut er mit seinem Fachgebiet ist. Alle Ergebnisse und Gedanken, die nicht vom Verfasser stammen, müssen als solche deutlich gemacht und ihre Quelle angegeben werden. Konzentrieren Sie sich nicht ausschließlich auf aktuelle Literatur, wie es leider die meisten jungen Wissenschaftler aus Bequemlichkeit tun, berücksichtigen Sie auch die ältere Grundlagenliteratur. Dazu können Sie im elektronisch verfügbaren Archivteil aller internationalen wissenschaftlichen Zeitschriften sicherheitshalber noch einmal mit Schlagworten eine Volltextsuche durchführen, bevor Sie das Schreiben abschließen. Auch Zitate aus einschlägigen Büchern zeigen Ihren guten Literaturüberblick und Ihr grundlegendes Verständnis.

- Vermeiden Sie alles, was den Eindruck von Plagiaten geben könnte. Stellen Sie klar heraus, was Sie von anderen übernehmen. Auf den ersten Blick mag es gut aussehen, wesentliche Gedanken und Ergebnisse anderer Kollegen als eigene darzustellen. Doch das Ergebnis einer Tiefenprüfung könnte verheerend für den plagiierenden jungen Wissenschaftler sein und zur Nichtannahme der Dissertation führen.

- Formatieren Sie die Zitate im geforderten Stil, meistens wird der internationale Zeitschriftenstil gefordert. Folgen Sie dem Stil Ihres Fachgebiets bzw. den Vorschriften Ihrer Fakultät. Es ist auch hilfreich, sich vorher einige Dissertationen des eigenen Fachbereichs angesehen zu haben.

- Achten Sie darauf, die vorgegebene Seitenzahl einzuhalten. Für natur- und ingenieurwissenschaftliche Dissertationen sind das normalerweise 100 Seiten, während bei geisteswissenschaftlichen Arbeiten meistens auch 200 bis 500 Seiten akzeptiert werden. Vermeiden Sie bei nur wenig zu diskutierenden Ergebnissen, die überzähligen Seiten mit Material ohne logischen Bezug zur eigentlichen Thematik der Arbeit zu füllen. Das irritiert einen Gutachter nur.

- Es müssen nicht unbedingt 100 Seiten erreicht werden. Es gab auch schon viel kürzere Dissertationen. Die Dissertation von Edwin Hall umfasste nur vier Seiten, in denen er den von ihm entdeckten und später nach ihm benannten Hall-Effekt beschrieb. Dieses Ergebnis war so spektakulär, dass es als glänzende Dissertation angenommen wurde.

- Eine Zusammenfassung gegen Ende der Dissertation in Verbindung mit einem Ausblick auf notwendige weiterführende Arbeiten ist sehr nützlich. Eventuell kann sich so aus Ihrer Dissertation eine weitere ergeben, oder Sie können die Problematik danach in Richtung Habilitation vertiefend weiter beforschen.

- Stellen Sie ein Abkürzungs- und Symbolverzeichnis voran, wenn Sie häufig mit Abkürzungen oder Symbolen der Kürze halber operieren müssen. Erklären Sie im fortlaufenden Text alle Abkürzungen und Symbole und schreiben Sie sie zusätzlich bei der Ersterwähnung aus.

- Vergessen Sie am Ende nicht die Danksagung, in der Sie für die gesamte erwiesene Unterstützung und dem Chef zumindest für die Aufgabenstellung danken.

- Die eidesstattliche Erklärung über die selbstständige Anfertigung der Arbeit darf am Ende nicht fehlen.

5.7   Verteidigen der Dissertation

Bereiten Sie Ihren Verteidigungsvortrag gründlich vor. Um eventuelle Angst zu vermeiden, nicht alles zu wissen, sollten Sie sich bewusst sein, dass zu Ihrem Thema niemand so viel weiß wie Sie.

Sie sollten Ihre Ergebnisse in exzellenten Slides darstellen. Dazu wurden in Kap. 2 detaillierte Hinweise gegeben. Ihr Verteidigungsvortrag sollte nicht nur inhaltlich, sondern auch optisch eindrucksvoll sein.

Haben Sie auch im Blick, dass Ihre Sprech- und Ausdrucksweise ebenfalls hervorragend sein muss. Vorübungen, z. B. beim Gruppenseminar oder vor Freunden und eine Videoaufnahme, helfen dabei. Üben Sie den gut vorbereiteten Vortrag vorher mehrmals, und sprechen Sie frei. Sie können

Ihre Arbeit durch einen gut gehaltenen Vortrag aufwerten und das, was Sie mit viel Mühe aufgebaut haben, durch einen schlechten Vortrag abwerten. Um geistesgegenwärtig reagieren zu können, gehen Sie diese wichtige Veranstaltung ausgeschlafen und nicht unter Beruhigungsmitteln an.

Achten Sie darauf, den vorgegebenen Zeitrahmen einzuhalten, meistens 20 min. Für den Vortrag nehmen Sie sich wie bereits zuvor bei Ihren Konferenzvorträgen die in Kap. 2 gegebenen Präsentationshinweise zu Herzen. Seien Sie sich bei der inhaltlichen Vorbereitung des Verteidigungsvortrags bewusst, dass gerade bei einer Dissertationsverteidigung das Publikum oft sehr heterogen zusammengesetzt ist, von Mitarbeitern, die jedes Detail kennen, bis hin zu Professoren eines ganz anderen Gebiets. Es sollte im Vortrag für jeden etwas dabei sein, ohne dass die Seriosität der Darstellung oder die Würde der Veranstaltung durch zu viel Auflockerung des Vortrags leidet.

Vergessen Sie nicht, angemessen gekleidet aufzutreten. Die Würde der Veranstaltung als das wichtigste wissenschaftliche Ereignis Ihrer bisherigen Laufbahn sollte auch durch Ihre Kleidung widergespiegelt werden.

Vermeiden Sie alles, was zu Irritationen beim Publikum und speziell bei den Gutachtern führen könnte, wie z. B. Hand in der Hosentasche, häufiges sich Kratzen oder ständiges Kreisen mit dem Laserpointer um das hingewiesene Segment des Slides.

Haben Sie beim Verteidigungsvortrag die Gutachter besonders im Blick und reagieren Sie entsprechend geistesgegenwärtig, falls Stirnrunzeln oder Kopfschütteln bei diesen zu beobachten ist.

Sicherlich können Sie alle Fragen perfekt beantworten, die Ihre direkte Arbeit betreffen. Wenn aber Fragen zu Randgebieten kommen sollten, mit denen sie weniger vertraut sind, versuchen Sie auch dazu vernünftige Antworten zu geben, eventuell geschickt auf damit zusammenhängende andere Fragestellungen ausweichen, zu denen Sie kompetent etwas zu sagen in der Lage sind. Sie können dazu durchaus bemerken, dass diese Thematik nicht Gegenstand Ihrer Arbeit war.

Sollte es wider Erwarten zu aggressiven, Sie brüskierenden Fragen kommen, bleiben Sie auch in einer solchen Situation freundlich und kompetent. Sie können mit einer Gegenfrage antworten, wodurch dann meistens die Spitze gebrochen wird. Die Antwort könnte auch auf ein verwandtes Gebiet umgeleitet werden.

Keine gute Idee ist es, mit Freunden Absprachen zu Fragen zu treffen, die man dann mit Sicherheit gut beantworten kann. Sollte dies im Nachhinein bekannt werden, ist dies schädlicher für Sie als mit Unsicherheit auf unerwartete Fragen zu reagieren.

Haben Sie nun auch noch die Diskussion nach Ihrem hervorragenden Verteidigungsvortrag gut überstanden, dann können Sie erleichtert aufatmen und alle Beteiligten, oder zumindest Ihre engeren Kollegen und Freunde, zu Ihrer Promotionsfeier einladen. Man wird Ihnen dann zum erfolgreichen Abschluss Ihrer langwierigen Arbeiten gratulieren.

5.8   Gekaufter Doktortitel

Nicht ernst zu nehmen sind Ratgeberbücher, die beschreiben, wie man in kürzester Zeit und mit geringstem Aufwand zu einer Dissertation kommt.

Zum Schluss dieses Kapitels möchte ich noch erwähnen, dass es außer dem aufgezeigten seriösen, zeit- und arbeitsaufwendigen Weg noch einen unseriösen sehr kurzen Weg gibt, zum Doktortitel zu gelangen. Eine Reihe wissenschaftlich nicht ernst zu nehmender Einrichtungen, die sich Namen obskurer lateinamerikanischer Universitäten zugelegt haben, bieten käufliche Doktortitel für 3000 bis 5000 EUR an, ohne dass dafür eine Dissertation verfasst und verteidigt werden muss. Eine solche fast echt aussehende Doktorurkunde kann bei weggelassener ordentlicher Prüfung unter Umständen zum Eintrag des Doktortitels im Personalausweis führen. Dieser Titel hält aber keiner Überprüfung durch ein Wissenschaftsgremium stand. Eine Anstellung oder Laufbahn in der Forschung kann damit nicht herbeigeführt werden.

6

Karriereplanung

Inhaltsverzeichnis

Sie haben ja bereits eine weitreichende Berufsentscheidung getroffen, als
Sie sich für Ihr Studium entschieden. Doch wenn das Studium vor dem
Abschluss steht, eine Promotion fast verteidigt ist oder eine Postdoc-Stelle
ausläuft, stehen Sie am Scheideweg und müssen weitere grundlegende berufliche Entschlüsse fassen.

6.1 Nach dem Studium

Sie denken nun darüber nach, ob Sie noch promovieren wollen oder sich
eine besser bezahlte Stelle in der Industrie suchen sollten. Versuchen Sie
doch, eine gewisse Kontinuität in Ihre weitere berufliche Entwicklung zu
bringen, sodass eine Stufe auf der anderen aufbauen kann, ohne dass Sie
sich später aus Sackgassen hinausmanövrieren müssen. Dafür ist nach dem
Diplom oder dem Masterabschluss die Frage zu beantworten: Bringt mir
die Promotion überhaupt etwas? Wenn ja, was will ich damit erreichen, eine
Forscherlaufbahn, vielleicht bis hin zum Professor, oder eine bessere Position

© Springer-Verlag GmbH Deutschland, ein Teil von Springer Nature 2019   **159**
C. Ascheron, *Wissenschaftliches Publizieren und Präsentieren,*
https://doi.org/10.1007/978-3-662-58053-0_6

in der Wirtschaft, eventuell als hoch bezahlter Unternehmensberater? Unternehmensberater sollte allerdings nur derjenige werden, der vorher bereits ein Unternehmen erfolgreich geführt hat. Will ich gar eine Laufbahn ohne wissenschaftliche Karriere vom Studienabschluss bis zur Rente?

Wenn Sie weiterhin wie in der Diplomphase Forschung betreiben wollen oder eine Universitätskarriere planen, dann ist die Antwort klar: Promovieren. In vielen Disziplinen ist die Promotion ein Muss: 90 % der Chemiker promovieren und finden nur mit dem Doktortitel gute Arbeitsplätze in der Industrie. Bei Medizinern ist die Promotion an vielen Universitäten so vereinfacht und im wissenschaftlichen Anspruch abgeflacht, dass damit bereits in niederen Studienjahren begonnen werden kann und das Studium als Dr. med. abgeschlossen wird, wobei der Titel allerdings erst nach dem Staatsexamen verliehen wird. Juristen und Psychologen treten besser in der Öffentlichkeit auf, wenn ein Dr. vor dem Namen steht. Dagegen wird der Dr.-Ing. viel seltener angestrebt, weil Ingenieure auch ohne Promotion gute Stellen in der Industrie bekommen.

Die Promotionsphase ist in den meisten Fällen eine weitere finanzielle Durststrecke. In naturwissenschaftlichen und geisteswissenschaftlichen Bereichen erhält ein Doktorand nur 50 % TVöD-Gehalt (TVöD ist der Tarifvertrag für den öffentlichen Dienst). Besser sieht es an Universitäten und promotionsberechtigten Fachhochschulen in ingenieurwissenschaftlichen Bereichen aus. Dort sind die Doktorandenstellen volle Stellen.

Können oder wollen Sie sich eine weitere Niedrigeinkommensphase leisten? Sie haben bereits im Studium viel eingebüßt: Nehmen wir einmal monatliche 1000 EUR Lebenshaltungskosten und ca. 2000 EUR ausbleibenden Verdienst im Vergleich mit Berufsanfängern nach einer Ausbildung für einen Zeitraum von sechs Jahren an (durchschnittliche Studienzeit an deutschen Universitäten), dann kostete Sie Ihr Studium rund 220.000 EUR Einkommenseinbuße. Dabei sind Kosten für Bücher, Computer, anderes Lehrmaterial, Studiengebühren bei Überziehung der Regelstudienzeit oder Gebühren für eventuelle Privatuniversitäten gar nicht mitgerechnet. Schlagen wir also weitere etwa 10.000 EUR drauf. An einer amerikanischen Eliteuniversität, wo die Studiengebühr bereits bei 25.000 EUR pro Jahr liegt, wird es noch teurer. Auch wenn vielleicht Ihre Eltern die Grundkosten gedeckt haben, bleibt ein drastischer Einkommensverlust gegenüber Nichtstudenten, die im Alter von 18 Jahren zu arbeiten begannen. Wenn wir davon ausgehen, dass Sie ca. 40 Jahre arbeiten werden, dann ergibt der über die Jahre verteilte umgelegte Einkommensverlust ca. 5500 EUR/Jahr. Wenn nun Ihr monatliches Gehalt als Akademiker um ca. 450 EUR über dem eines Facharbeiters liegt, was sehr wahrscheinlich ist, dann hat sich die Studieninvestition gelohnt.

Also betrachten Sie den durch das Studium verspäteten Berufseinstieg nicht als finanziellen Nachteil. Was allerdings für Universitätsabsolventen schwerer aufzuholen ist, ist der finanzielle Vorsprung von Fachhochschulabsolventen, die viel häufiger ihr Studium in der kürzeren Regelstudienzeit abschließen.

Bleiben Sie an einer Hochschuleinrichtung, dann können Sie Ihre Einkommensentwicklung aus den TVöD-Tabellen ablesen. Besser sieht es in den meisten Fällen für Naturwissenschaftler und Ingenieure auf gut dotierten Industriepositionen aus, die in der Statistik im Durchschnitt um 15 % besser abschneiden, wie man beispielsweise aus dem jährlich veröffentlichten Einkommensvergleich für Physiker im *Physik Journal* sieht. Allerdings ist in der Industrie der Arbeitsdruck höher und die akademische Freiheit niedrig. Außerdem gibt es eine mit der Branche und der Unternehmensgröße stark variierende Streubreite der Einkommen. Angebot und Nachfrage und wie gut man sich bei den Gehaltsverhandlungen selbst verkauft, haben bei freier verhandelbaren Industriegehältern wesentlichen Einfluss.

Es bleiben also die folgenden Fragen zu beantworten, um sich für Promotion oder Industrietätigkeit zu entscheiden:

- Was ist mein Berufsziel? Wo fühle ich mich hingezogen? Bin ich mehr ein Forschertyp oder ein Praktiker? Bei einer Hochschultätigkeit gibt es zwar unabhängige Forschung und hoffentlich Befriedigung durch hervorragende und international geschätzte Ergebnisse. Letzteres muss aber nicht zutreffen und kann stattdessen mit langen Durststrecken ohne erfüllende Momente verbunden sein, wobei man den praktischen Nutzen seiner Arbeit für die Menschheit kaum erkennen kann. Bei einer Industrietätigkeit mit kleineren, überschaubaren und in übersehbaren Zeiträumen abzuarbeitenden kurzfristigeren Projekten, bei deren Erledigung der unmittelbare Nutzen deutlich wird, kann das Gefühl der Erfüllung größer sein. Die Entscheidung für eine Laufbahn in der Hochschulforschung beinhaltet die Lehre. Man sollte sich frühzeitig darüber klar werden, ob man gute Vorträge und Vorlesungen halten kann, sich in der Betreuung des wissenschaftlichen Nachwuchses engagieren möchte und damit ein guter Hochschullehrer werden kann.

Das Ergebnis der Diplomarbeit hat für diese Entscheidung nur eingeschränkte Bedeutung. Denn gute Diplomnoten und der Wille zur Leistung sind möglicherweise notwendige, wohl aber nicht hinreichende Kriterien für eine nicht nur formal erfolgreiche Promotion. Während bei der Diplomarbeit unter Anleitung gearbeitet wurde, geht es bei der Promotion um eigenständige Forschung. Initiative, Stehvermögen, Organisationstalent und die Bereitschaft, weiter zu lernen, sind hierfür gefragt.

- Nutzt mir die Promotion beruflich etwas? Der Wunsch nach dem Dr. vor dem Namen ist nicht pauschal von der Hand zu weisen. Er mag viele mehr oder weniger nachvollziehbare Gründe haben: von den eigenen Ansprüchen, die Hochschullaufbahn abzuschließen, über den Wunsch, dem Stolz und Ehrgeiz der Eltern entsprechen zu wollen, bis hin zu Firmenkulturen, etwa in Beratungsfirmen, bei denen der Titel den Zugang zu Klienten erleichtert. Ganz abgesehen davon ist der Titel Dr. med. für Ärzte fast Pflicht um von Patienten ernst genommen zu werden. Hier kommt es oft nur auf den Dr. auf der Visitenkarte und nicht auf den Inhalt oder die Qualität der Dissertation an. Wenn es nur um den Titel an sich geht, dann sollten Sie versuchen, die Qualifizierungsphase so rasch wie möglich zu durchlaufen, und Sie werden sich kaum darum scheren, ob die Dissertation mit *summa cum laude* oder nur mit *rite* verteidigt wird. Dagegen ist für eine geplante Universitätslaufbahn die Promotion ein Muss. Hierbei kommt es stark auf die Qualität und Note der Promotion an.

6.2   Postdoc oder Arbeit in der Industrie?

Jetzt können Sie bestens vorbereitet ins Berufsleben treten oder die Unsicherheit einer akademischen Laufbahn auf sich nehmen. Manch einer denkt an dieser Stelle auch darüber nach, sich selbstständig niederzulassen und das Wagnis einer Firmengründung mit irgendwo aufgetriebenem Startkapital einzugehen, um das gewonnene Wissen zum eigenen Nutzen umzusetzen. Vielleicht haben Sie das Gefühl, genug an einer akademischen Einrichtung geforscht zu haben und wollen jetzt ganz woanders arbeiten, eventuell in einem Unternehmen. Oder Sie haben solchen Gefallen am Gewinnen neuer Erkenntnisse und der Freiheit des akademischen Lebens gefunden, dass Sie in einer Postdoc-Position weiter an einer Forschungseinrichtung tätig sein wollen, entweder an einer Universität, einem Max-Planck- oder einem anderen Forschungsinstitut, wozu auch Industrieforschungsinstitute Möglichkeiten bieten. Außeruniversitäre Einrichtungen wie z. B. Max-Planck-Institute bieten im Allgemeinen für einen Postdoc bessere Forschungsmöglichkeiten.

Auch wäre dies der Zeitpunkt, eine Postdoc-Stelle im Ausland in Betracht zu ziehen. Internationale Erfahrung zu sammeln kann nie schaden. Ein Auslandsaufenthalt sollte Sie persönlich und fachlich voranbringen. Ein positiver Nebenaspekt ist das bessere Beherrschen einer Fremdsprache. Vor allem wenn Sie aus den USA von prestigeträchtigen Einrichtungen mit guten Ergebnissen zurückkehren, haben Sie in Deutschland gute Karten bei weiteren

Bewerbungen. Falls Sie keine geeignete ausgeschriebene Position finden – die Finanzierung ist immer das Hauptproblem –, können Sie auch beim Deutschen Akademischen Auslandsdienst, der Humboldt-Stiftung, EU-Forschungsförderungsstiftung oder der Fulbright-Stiftung (für USA), nachfragen, ob es dort Möglichkeiten für Stipendienanträge gibt. In Japan werden für kreative Postdocs attraktive Positionen geboten. Dort ist die organisierende Einrichtung JSPS (Japanese Society for the Promotion of Science), die auch ein Büro in Bonn unterhält. In Europa gibt es weitere Möglichkeiten von Postdoc-Stellen in EU-Programmen. Auch in Großbritannien, Frankreich, Italien und Spanien können Sie attraktive Positionen an führenden Universitäten finden, oft als Projektstellen – und der Nachhauseweg ist nicht ganz so weit. Doch vielleicht können Sie Ihre Spezialkenntnisse noch effektiver in einem weniger berühmten, kleineren Institut besser vervollständigen. In den USA haben Sie vielleicht nach vier Postdoc-Jahren die Chance, in eine *tenured position,* die eine vorgezeichnete Universitätslaufbahn bis hin zur Professur darstellt, einzutreten. Bei Industrie-, Max-Planck-, Fraunhofer- oder anderen Forschungsinstituten besteht nicht selten die Überleitungsmöglichkeit zu einer permanenten Stelle. Allerdings sollten Sie sich bei diesen Überlegungen bewusst sein, dass eine Postdoc-Position in den meisten Fällen nur eine weitere Durchgangsphase ist, nach der die Unsicherheit und Stellensuche weitergeht. Viele Wissenschaftler hangeln sich bis in die vierziger Lebensjahre hinein nur von einer befristeten Stelle zur anderen. Wenn jemand jedoch Familie hat, können andere Kriterien wie finanzielle Sicherheit entscheidender werden als die Freude am freien Forscherleben.

Für die Auswahl des Landes und der Einrichtung bzw. des Professors, in dessen Gruppe Sie zu arbeiten gedenken, gelten die gleichen Kriterien, wie weiter oben für die Wahl der Promotionseinrichtung diskutiert. Die Hauptfrage ist: Will ich auf den in der Promotionsphase erworbenen Kenntnissen aufbauen, oder sehe ich ein attraktiveres neues Gebiet, das bessere Berufschancen verspricht?

Lassen Sie sich bei einer befristeten Stelle nicht auf unsichere und sehr langfristige Projekte ein. Sie müssen Erfolge abrechnen, um entweder eine Verlängerung oder eine gute permanente Stelle in der gegenwärtigen Einrichtung oder woanders zu bekommen. Mehrere kürzerer Projekte erfolgreich abgeschlossen zu haben, hilft mehr, als ein großartiges langwieriges Projekt unvollendet verlassen zu müssen. Denken Sie daran, in diesem Zeitraum viele gute Publikationen in renommierten Zeitschriften zu produzieren. Daran werden Sie gemessen, und es kann Ihre Bewerbungsaussichten gewaltig verbessern. Etablieren Sie sich als anerkanntes Mitglied der Forschergemeinde auf Ihrem Gebiet.

Nicht verkehrt ist es, diese ca. vier Forschungsjahre zu nutzen, um an einer Habilitation zu arbeiten. Wenn dann die Postdoc-Zeit ausläuft, können Sie sich für eine Professur bewerben. Für jemanden, der bis dahin nur im akademischen Bereich tätig war, steht dann eine Universitätsprofessur prinzipiell offen. Waren Sie jedoch für mindestens drei Jahre an einem Industrieinstitut tätig, dann ist auch die Bewerbung um eine Fachhochschulprofessur möglich, da hierfür keine Habilitation gefordert wird.

In der Postdoc-Phase sind viele Leute mit der Aufgabe konfrontiert, einen Teil ihrer Arbeit oder nach einiger Zeit eventuell sogar das gesamte eigene Gehalt über Projektmittel finanzieren zu müssen. Sie müssen also lernen, erfolgreich Projektanträge zu schreiben und zu verteidigen. Versuchen Sie, von anderen in diesen Fragen erfahrenen Kollegen zu profitieren.

Doch vielleicht liegt Ihnen nach der Promotion eine Tätigkeit in der Industrie näher. Wenn Sie diesen Entschluss schon frühzeitig gefasst haben, kann es sehr nützlich sein, mit dem gewünschten Unternehmen bereits vor Beginn der Promotion Kontakt aufzunehmen und zu versuchen, die Dissertation auf die Forschungsinteressen des betreffenden Unternehmens bereits an der Hochschule auszurichten, also ein anwendungsbezogenes Thema zu wählen bzw. gleich am Industrieinstitut an der Dissertation zu arbeiten. Dann ist ein fließender Übergang möglich und die Einstellungsfrage kann bereits im Vorfeld geklärt werden.

Andernfalls gibt es viele Unsicherheiten: Sind Sie zu hoch qualifiziert, sodass Sie Anspruch auf ein höheres Gehalt haben, das man nicht zahlen will, oder wird Ihre Spezialqualifikation eher als störend betrachtet? In Japan beispielsweise stellen Firmen nur ungern Promovierte ein, weil sie eine eigenständigere Arbeitsweise als frisch von der Universität kommende Diplomanden entwickelt haben und als weniger formbar gelten. Doch vielleicht werden Sie als Spezialist in einer gefragten Methode auch mit offenen Armen empfangen. Es empfiehlt sich auf jeden Fall, bereits rechtzeitig vor Abschluss der Promotion mit Firmen Kontakt aufzunehmen.

6.3 Nach dem Postdoc

6.3.1 Stellenwahl

Es ist Ihnen zu wünschen, dass Sie entweder an der Postdoc-Einrichtung oder woanders mit Ihrer gewonnenen Erfahrung eine gute Stelle auf Dauer finden. Sie können aber auch das weitere Erklimmen der akademischen Leiter planen, entweder auf einer Habilitationsstelle oder einer Juniorprofessur. Letzteres würde für weitere ca. sechs Jahre Einkommen und fachliche Entwicklung garantieren – allerdings ohne Garantie für die Zeit danach. Denn bei den meisten Juniorprofessuren gibt es nicht die Möglichkeit einer Umwandlung in eine spätere permanente Professur, auch wenn danach die Bewerbungschancen an anderen Universitäten nicht schlecht sind. Und ob Sie mit der Habilitation eine Professur finden oder für andere Bewerbungen überqualifiziert sind, ist ungewiss. Sicher ist, dass Sie dafür eine Qualifikationsphase von mindestens zwölf Jahren brauchen, meistens noch mehr, vom Studium über die Promotion bis zur Habilitation. Es ist schwer zu raten, ob Habilitation oder Juniorprofessur der erfolgreichere Weg sind, später einmal eine Professur zu erlangen. Zwar wurde in Deutschland verkündet, mittelfristig die Habilitation als Berufungsvoraussetzung abzuschaffen, doch gegenwärtig ist dies der sicherere Weg. Unverständlicherweise ist es an vielen Universitäten Juniorprofessoren nicht gestattet, eine Habilitation einzureichen. Als äquivalente Leistung zur Habilitation wird an vielen Universitäten eine *associate professorship* an einer ausländischen Universität oder eine Leitungsstelle an einem Industrieforschungsinstitut anerkannt.

Der Vorteil einer Juniorprofessur gegenüber einer Habilitationsstelle ist nicht allein das Führen eines wohlklingenden Titels, sondern auch die größere Freiheit, unabhängige Forschung früher zu betreiben, Projektmittel selbst einzuwerben und an allen Fakultätssitzungen teilnehmen zu dürfen. Allerdings kann ein Habilitand sich oft mehr auf die Forschung konzentrieren, da er die bereits vorhandene Infrastruktur der Abteilung ausnutzen kann und häufig weniger mit Verwaltungsaufgaben belastet ist.

Doch in beiden Fällen beginnt danach wieder die Unsicherheit einer weiteren Bewerbungsphase. Falls es nach der Juniorprofessur oder Habilitation nicht bald mit einer Professur klappt, können nur wenige habilitierte Wissenschaftler oder ausgelaufene Juniorprofessoren durch das Heisenberg-Stipendium in Deutschland über einen beschränkten Zeitraum über Wasser gehalten werden. Eventuell ist eine Gastprofessur oder Gastwissenschaftlerstelle im Ausland der einzige Ausweg, wenn sich in Deutschland an einem Forschungsinstitut nichts findet.

6.3.2 Bewerbungsgespräch

Sowohl bei der Bewerbung um eine Postdoc-Stelle als auch um eine Industriestelle oder Professur sind Bewerbungsgespräche üblich. Hier wird die Vorentscheidung getroffen, ob Sie für die ausgeschriebene Stelle als Bewerber akzeptiert werden. Versuchen Sie also einen guten und kompetenten Eindruck zu hinterlassen. Gehen Sie möglichst gut vorbereitet dorthin.

Informieren Sie sich über die Einrichtung, die Schwerpunkte der Arbeit dort und versuchen Sie, weitere Randinformationen zu sammeln. Drücken Sie auch hierdurch Ihr starkes Interesse an der Stelle aus. Je informierter Sie auftreten können, umso besser werden Ihre Chancen.

Überlegen Sie sich mögliche Fragen und die besten Antworten darauf. Typische Fragen bei Bewerbungsgesprächen sind:

- Wie verlief Ihre bisherige berufliche Entwicklung?
  Stellen Sie Ihre berufliche Entwicklung nachvollziehbar und zielgerichtet dar. Vermitteln Sie nicht den Eindruck, dass diese Stelle der letzte Notnagel für Sie ist. Versuchen Sie herauszuarbeiten, dass Ihr Werdegang die Voraussetzung für die angestrebte Tätigkeit geschaffen hat.
- Wo liegen Ihre Erfahrungen und Kenntnisse?
  Stellen Sie Ihre hervorragenden Kenntnisse nicht zu vordergründig heraus. Eventuell bekommt man sonst den Eindruck, dass hier ein Konkurrent auftaucht. Unterstützend kann wirken, wenn herausgearbeitet wird, dass man immer bereit ist, sich neuen Anforderungen zu stellen, und sich rasch in neue Tätigkeitsgebiete einarbeiten kann. Mit den Realitäten richtig umzugehen ist genauso bedeutend, wie klug zu sein.
- Was sind Ihre persönlichen Stärken bzw. Schwächen?
  Niemand erwartet ernsthaft auf diese Frage ein wahrheitsgemäßes Selbstporträt. Hier gilt es zu zeigen, dass man die in der erwarteten Arbeitsumgebung geforderten Qualitäten hat. Entfernen Sie sich aber bei der Schilderung Ihrer hervorragenden Eigenschaften nicht zu weit von der Realität. Liefern Sie Argumente, die für Ihre Einstellung sprechen.
  Bei der Frage nach den persönlichen Schwächen geht es nicht um die reine Wahrheit, sondern um eine eloquente und dennoch selbstkritisch klingende Reaktion. Als Berufseinsteiger kann man z. B. die fehlende Praxiserfahrung oder das Bestreben, jede Aufgabe perfekt lösen zu wollen, nennen. Zeigen Sie, dass Sie über die Fähigkeit zur realistischen Selbsteinschätzung verfügen. Durch geeignete Vorbereitung können Sie hierbei durchaus punkten.
- Was waren bisher Ihre größten Erfolge bzw. Misserfolge?
  Nennen Sie eine Forschungsaufgabe, die Sie mit Bravour erledigt haben, z. B. in einem Projekt, und weisen Sie auf veröffentlichte Resultate hin. Als negatives Erlebnis ist besser etwas geeignet, bei dem Sie nicht selbst die Schuld am Misserfolg trugen.

- Was würden Sie tun, wenn wir Sie anstellen?
  Bleiben Sie dabei nicht allein Ihrem bisherigen Erfahrungsgebiet verhaftet, was vielleicht nicht unbedingt gefragt ist. Zeigen Sie sich offen für neue Herausforderungen. Belegen Sie, dass Sie immer in der Lage waren, sich rasch neuen Aufgaben zu stellen. Betonen Sie die Möglichkeit Ihrer unverzüglichen Einsatzbereitschaft auf der Grundlage der bisher gesammelten Erfahrungen.
- Was wäre Ihr Forschungsplan für die nächsten Jahre, wenn wir Sie auf diese Professur berufen würden? Können Sie Ihren Forschungsplan skizzieren?
  Gehen Sie stärker ins Detail bei der Thematik, und sagen Sie auch etwas zu Kooperationen und – insbesondere im experimentellen Bereich – zur Höhe der benötigten Finanzmittel für die Ausstattung der Professur. Denken Sie über diese mögliche Antwort vorher gründlich nach. Wenn Sie die Forschergruppe zu weit vom bisherigen Tätigkeitsfeld entfernen wollen, werden sich wahrscheinlich Widerstände regen. Wenn Sie aber gar nichts Neues einzubringen gedenken, fragt man sich, was Ihre Berufung wohl an neuer Qualität bringen würde. Haben Sie bei den Finanzen inadäquat hohe Vorstellungen, verschlechtern Sie Ihre Chancen. Sind Sie aber umgekehrt zu bescheiden, dann beschneiden Sie sich selbst die Möglichkeiten. Also informieren Sie sich besser vorher über den möglichen Rahmen.
- Wie ist Ihre Teamfähigkeit?
  Bereit und in der Lage zu sein, sich in eine Arbeitsgruppe zu integrieren, wird sehr geschätzt. Zeigen Sie, dass Sie bereit sind, persönliche Interessen zurückzustellen.
- Wie schätzen Sie unsere Einrichtung und Arbeit ein?
  Hierfür sind Vorstudien nützlich.
- Welche gehaltlichen Vorstellungen haben Sie?
  Dies ist eine sehr heikle Frage. Machen Sie sich vorher kundig, damit Sie Ihren
  Marktwert realistisch einschätzen und benennen können. Begründen Sie Ihren Einkommenswunsch nur über Ihre Qualifikation bzw. den Nutzen, den Sie dem zukünftigen Arbeitgeber bringen können. Wenn Sie überreizen, sind Sie aus dem Spiel. Wenn Sie sich unter Wert verkaufen, haben Sie auf lange Zeit finanzielle Nachteile zu erwarten. Am klügsten ist es oft, sich mit dem einrichtungsüblichen Gehaltsgefüge einverstanden zu erklären. Im öffentlichen Dienst gibt es klare Richtlinien. Nur bei Professuren und wenn man Sie unbedingt will, haben Sie einen gewissen Verhandlungsspielraum, maximal bis zum Gehalt eines Staatssekretärs.

Und stellen Sie auch selbst kluge Fragen, die von Ihrem Verständnis und Interesse künden. Gehen Sie ausgeruht und ausgeschlafen zum Bewerbungsgespräch, um auch entspannt und geistesgegenwärtig reagieren zu können, damit Ihre berufliche Zukunft positiv geklärt wird.

Doch prüfen Sie auch, ob die Institution, bei der Sie sich bewerben, tatsächlich Ihren Vorstellungen entspricht, oder ob Sie sich aus der Ferne vielleicht ein falsches Bild gemacht haben. Denn ein Arbeitsstellenwechsel ist für einen selbst und die Familie (oft ebenso Arbeitsplatzwechsel des Ehepartners, Kindergarten- oder Schulwechsel der Kinder) doch mit größeren Veränderungen und Kosten (Umzug, Neueinrichtung) verbunden.

Im oben Gesagten wurde nur eine Reihe wesentlicher Gesichtspunkte von Bewerbungsgesprächen zusammengefasst. Detailliertere Hinweise, z. B. auch zum Auftreten, zur Kleidung und zum Fragenstellen, können Sie in einschlägigen Büchern [41] finden. Zum Thema Bewerbungsschreiben, das hier nicht behandelt wird, finden Sie ebenfalls umfangreiche Literatur [42].

6.3.3 Dual Career

Um eine befriedigende Stelle zu bekommen, muss ein Wissenschaftler mobil und bereit sein, zu einem neuen Arbeitsort zu wechseln, seine Arbeiten an einem anderen Institut fortzusetzen oder sich woanders völlig neuen Herausforderungen zu stellen. Niemand, insbesondere ein hoch spezialisierter Wissenschaftler, kann darauf vertrauen, am gegenwärtigen Wohnort den Traumjob zu finden. Da Hausberufungen In Deutschland untersagt sind, ist speziell der Antritt einer Professur mit einem Arbeitsplatzwechsel unvermeidlich verbunden.

Doch dies kann zum Problem werden, wenn man nicht mehr allein ist. Ist man jung und hat noch keine Kinder, geht es zumindest auch darum, für die Frau/den Mann oder die Freundin/den Freund – falls eine solche Bindung existiert – am neuen Arbeitsort eine Stelle zu finden. Ist der neue Arbeitgeber extrem stark an Ihrem Kommen interessiert, gibt es eventuell Unterstützung bei der Suche nach einem zweiten geeigneten Arbeitsplatz. Viele Hochschulen beteiligen sich bereits am „Dual Career Netzwerk". Doch mancher Partner möchte vielleicht eine längere Auszeit nehmen und kann sich auch im Ausland ein bis zwei Jahre angenehm als mitreisender Partner die Zeit vertreiben.

Wenn noch zusätzlich Kinder die Schule wechseln müssen oder es gar ins Ausland geht und die Umstellung auf eine Fremdsprache erfolgt, wird das ganze Unterfangen noch etwas komplexer. Doch speziell für die Kinder kann das perfekte Erlernen einer Fremdsprache im Ausland und das Gewöhnen an ein internationales Klima eine einmalige Chance und ein Gewinn für das weitere Leben sein. Es ist also die Entscheidung zu treffen, ob die eventuelle berufliche Perspektive den Aufwand wert ist oder ob die Belastung für die Familie nicht zu groß wird. Dieses Abwägen muss zum zusätzlichen Kriterium für die Wahl eines neuen Arbeitsplatzes werden, wenn man nicht mehr nur für sich selbst zu entscheiden hat. Es sollte nicht das gesamte Leben ausschließlich der wissenschaftlichen Karriere untergeordnet werden. Wissenschaftliche Entwicklung sollte nicht mit Vereinsamung einhergehen.

Als Kompromiss wird von vielen Paaren betrachtet, dass einer allein an einem entfernten Ort arbeitet, für den Rest der Familie das gewohnte Leben weitergeht und man sich weniger häufig sieht. Doch die Reduzierung des unmittelbaren Partnerkontakts kann zum Problem für die Beziehung werden. Wenn man sich weniger als wöchentlich mindestens einmal sieht, vielleicht nur monatlich oder in noch größeren Abständen, dann kann es bald in einer Beziehung zu kriseln beginnen. Erfahrungsgemäß zerbricht ca. die Hälfte der Beziehungen bei ständiger langer Trennung über mehr als zwei bis drei Jahre. Die meisten Betroffenen sagen sich, diese Statistik muss nicht auf sie zutreffen, so wie 90 % der Menschen glauben, zu den besten 10 % der Autofahrer zu gehören, denen nie ein Unfall passieren kann. Doch des Risikos muss man sich bewusst sein.

Erratum zu:
Kapitel 2 in: C. Ascheron, *Wissenschaftliches Publizieren und Präsentieren,*
https://doi.org/10.1007/978-3-662-58053-0_2

Das Kapitel „Wissenschaftliches Präsentieren" enthielt in der ursprünglich veröffentlichten Version ein Bild, welches aufgrund von lizenzrechtlichen Bestimmungen nicht mehr abgedruckt bzw. angezeigt werden kann. Daher wurde Abb. 2.10 aus rechtlichen Gründen durch einen hellgrauen Kasten ersetzt.

Die aktualisierte Version des Kapitels finden Sie unter
https://doi.org/10.1007/978-3-662-58053-0_2

Literatur

1. Ascheron, C.: Die Kunst des wissenschaftlichen Präsentierens und Publizierens: Ein Praxisleitfaden für junge Wissenschaftler. Spektrum, Heidelberg (2007). ISBN-10: 3827417414
2. Ascheron, C., Kickuth, A.: Make Your Mark in Science: Creativity, Presenting, Publishing, and Patents, A Guide for Young Scientists. Wiley, Hoboken (2004). ISBN-13: 978-0471657330
3. Lehmann, G.: Wissenschaftliche Arbeiten: Zielwirksam verfassen und präsentieren. expert, Renningen (2017). ISBN: 978-3816933755
4. Moser, H., Holzwarth, P.: Mit Medien arbeiten: Lernen – Präsentieren – Kommunizieren. UTB GmbH, Stuttgart (2011). ISBN: 978-3825235093, 13: 978-3825235093
5. Manschwetus, U.: Wissenschaftliche Arbeiten präsentieren: Leicht verständliche Anleitung für das Schreiben wissenschaftlicher Texte im Studium mit Tipps und Beispielen. Thurm Wissenschaftsverlag, Lüneburg (2016). ASIN: B01BH-88CUI
6. Leopold-Wildburger, U., Schütze, J.: Verfassen und Vortragen: Wissenschaftliche Arbeiten und Vorträge leicht gemacht. Springer, Berlin (2002). ISBN-13: 978-3540430278
7. Gastel, B.: Presenting science to the public. IOP (1983). ISBN: 978-0894950285
8. Todoroff, C.: Presentation Skills for Scientists, Medical Researchers, and Health Care Professionals. Trifolium Books Inc., Ontario (1997). ISBN: 978-1895579871
9. Alley, M.: The Craft of Scientific Presentations: Critical Steps to Succeed and Critical Errors to Avoid. Springer, Berlin (2013). ISBN: 978-1441982780
10. Schmale, W.: Schreib-Guide Geschichte: Schritt für Schritt wissenschaftliches Schreiben lernen. UTB GmbH, Stuttgart (2006). ISBN-13: 978-3825228545

© Springer-Verlag GmbH Deutschland, ein Teil von Springer Nature 2019
C. Ascheron, *Wissenschaftliches Publizieren und Präsentieren*,
https://doi.org/10.1007/978-3-662-58053-0

11. Mylonas, I., Brüning, A.: Wissenschaftliches Publizieren in der Medizin: Ein Leitfaden 1st Edition, Kindle Edition. Springer, Berlin (2013). ASIN: B00GXJXTNC

12. Erdnüß, F.: Wissenschaftliche Paper publizieren für Dummies. Wiley-VCH, Weinheim (2016). ASIN: B01E0JTYUI

13. Chirlek, G., Wanner, I.: Wissenschaftliches Schreiben und Publizieren: Erläuterung für Studierende und Doktoranden. Books on Demand, Norderstedt (2015). ASIN: B00EPR6IM8

14. Ebel, H.F., Bliefert, C., Greulich, W.: Schreiben und Publizieren in den Naturwissenschaften. Wiley-VCH, Norderstedt (2012). ASIN: B0096QYQUY

15. Weingart, P., Taubert, N.: Wissenschaftliches Publizieren: Zwischen Digitalisierung, Leistungsmessung, Ökonomisierung und medialer Beobachtung. De Gruyter, Berlin (2016). ISBN: 978-3110448108

16. Fischer, S.: Erfolgreiches wissenschaftliches Schreiben. Kohlhammer, Stuttgart (2014). ASIN: B00QMH5KXM

17. Oehlrich, M.: Wissenschaftliches Arbeiten und Schreiben: Schritt für Schritt zur Bachelor- und Master-Thesis in den Wirtschaftswissenschaften. Springer Gabler, Wiesbaden (2014). ASIN: B00UZBE2V2

18. Kornmeier, M.: Wissenschaftlich schreiben leicht gemacht: Für Bachelor, Master und Dissertation 7th Edition. UTB GmbH, Stuttgart (2016). ASIN: B01EV71IR6

19. Schmölzer-Eibinger, S., Bushati, B., Ebner, C.: Wissenschaftliches Schreiben lehren und lernen: Diagnose und Förderung wissenschaftlicher Textkompetenz in Schule und Universität. Waxmann, Münster (2018). ISBN-13: 978-3830937692

20. Huss, J.: Schreiben und Präsentieren in den angewandten Naturwissenschaften: Leitfaden für die Anfertigung von Diplomarbeiten und Dissertationen in der Forstwissenschaft und verwandten Fachgebieten. Norbert- Kessel-Verlag, Remagen (2014). ISBN: 978-3941300941

21. Manschwetus, U.: Quellen richtig zitieren: Leicht verständliche Anleitung für das Schreiben wissenschaftlicher Texte im Studium mit Tipps und Beispielen. Thurm Wissenschaftsverlag, Lüneburg (2016). ASIN: B019B9NW8W

22. Hayden, T., Nijhuis, M.: The Science Writers' Handbook: Everything You Need to Know to Pitch, Publish, and Prosper in the Digital Age. Da Capo Lifelong Books, Boston (2013). ASIN: B06XCP5BJW

23. Blackwell, J., Martin, J.: A Scientific Approach to Scientific Writing. Springer, Berlin (2011). ASIN: B008CCGPA2

24. Körner, A.M.: Guide to Publishing a Scientific Paper. Routledge, London (2008). ASIN: B001QEQR6U

25. Huber, K.-P.: Die Doktorarbeit: Vom Start zum Ziel: Lei(d)tfaden für Promotionswillige, Barbara Messing. Springer, Berlin (2007). ASIN: B00BH8469K

26. Knigge-Illner, H.: Der Weg zum Doktortitel: Strategien für die erfolgreiche Promotion. Campus, Frankfurt (2015). ASIN: B0113ABJG4

27. Hell, S.: Soll ich promovieren? Voraussetzungen, Chancen und Strategien. Vahlen, München (2017). ASIN: B07897Y5T8

28. Hackstein, H.: Doktorarbeiten in Medizin und Life Sciences: Schnell und gut verfassen: Tipps und Tricks – auch für Masterstudenten. Amazon Media EU. ASIN: B00VD3JT1Y

29. Anja, S.: So promovieren Sie richtig: Der Leitfaden zum Doktortitel. Amazon Media EU. ASIN: B00Z1XMD2E

30. Wolf, H.: Dissertation in 30 Tagen: Das Praxisbuch für die medizinische Promotion. Amazon Media EU (2017). ASIN: B076JMVK5L

31. Feibelman, P.J.: PhD Is Not Enough! A Guide to Survival in Science. Basic Books, New York (2011). ASIN: B06XCG2ZQQ

32. Allison, B., Race, P.: The Student's Guide to Preparing Dissertations and Theses. Routledge, London (2004). ASIN: B000P0JMZY

33. Gosling, P., Noordam, L.D.: Mastering Your PhD: Survival and Success in the Doctoral Years and Beyond. Springer, Berlin (2010). ASIN: B008BFCY32

34. Woodhouse, I.: 101 Top Tips for PhD Students. Speckled Press, Berlin (2015). ASIN: B00YB9BTXI

35. Osawa, E.: Kagaku **25**, 843 (1970)

36. von Klitzing, K.: Phys Rev Lett **45**(6), 494–497 (1980)

37. Bednorz, J.G., Müller, K.A.: Z. Phys. **64**,189 (1986)

38. APS Guidelines for Professional Conduct. https://www.aps.org/policy/statements/02_2.cfm

39. Kohler, M.: Entspanntes Atmen bei Yoga, Albert, Müller, Stuttgart (1972). ASIN: B001U1C0ME

40. Iding, D.: Die heilende Kraft des bewussten Atmens: Vital, ausgeglichen und entspannt im Alltag. Knaur TB, München (2004). ISBN-13: 978-3426872215

41. Püttjer, C., Schnierda, U.: So überzeugen Sie im Bewerbungsgespräch – Die optimale Vorbereitung für Hochschulabsolventen. Campus, Frankfurt (2005)

42. Neumayer, G., Rudolph, U.: Das Bewerbungsschreiben. Humboldt, Hannover (1999)

Sachverzeichnis

© Springer-Verlag GmbH Deutschland, ein Teil von Springer Nature 2019
C. Ascheron, *Wissenschaftliches Publizieren und Präsentieren*,
https://doi.org/10.1007/978-3-662-58053-0